Mr. Know All

从这里，发现更宽广的世界……

# Mr. Know All
—— 小书虫读科学 ——

Mr. Know All

# 十万个为什么
## 声音的秘密

《指尖上的探索》编委会 组织编写

小书虫读科学
THE BIG BOOK OF
TELL ME WHY

作家出版社

策划出品 悦读名品　图片服务 悦读名品 123RF

声音自我们呱呱坠地时起就时刻伴随我们身边，无处不在。我们的世界不可以没有声音。本书针对青少年读者设计，通过六个部分图文并茂地揭开了声音的秘密。这六个部分是：声音的秘密、声音传播与应用的秘密、人类接收和发出声音的秘密、音乐与噪声、大自然的声音、探究声音的有趣实验。

图书在版编目（CIP）数据

声音的秘密 /《指尖上的探索》编委会编. --
北京：作家出版社，2015.11
　（小书虫读科学.十万个为什么）
　ISBN 978-7-5063-8509-1

Ⅰ. ①声… Ⅱ. ①指… Ⅲ. ①声学—青少年读物
Ⅳ. ①O42-49

中国版本图书馆CIP数据核字（2015）第279207号

## 声音的秘密

| | |
|---|---|
| 作　　者 | 《指尖上的探索》编委会 |
| 责任编辑 | 王　炘 |
| 装帧设计 | 北京高高国际文化传媒 |
| 出版发行 | 作家出版社 |
| 社　　址 | 北京农展馆南里10号　邮　编　100125 |
| 电话传真 | 86-10-65930756（出版发行部） |
| | 86-10-65004079（总编室） |
| | 86-10-65015116（邮购部） |
| E-mail:zuojia@zuojia.net.cn | |
| http://www.haozuojia.com（作家在线） | |
| 印　　刷 | 小森印刷（北京）有限公司 |
| 成品尺寸 | 163×210 |
| 字　　数 | 170千 |
| 印　　张 | 10.5 |
| 版　　次 | 2016年1月第1版 |
| 印　　次 | 2016年1月第1次印刷 |
| ISBN 978-7-5063-8509-1 | |
| 定　　价 | 29.80元 |

作家版图书　版权所有　侵权必究
作家版图书　印装错误可随时退换

# Mr. Know All
**指尖上的探索** 编委会

**编委会顾问**
**戚发轫**　国际宇航科学院院士　中国工程院院士
**刘嘉麒**　中国科学院院士　中国科普作家协会理事长
**朱永新**　中国教育学会副会长
**俸培宗**　中国出版协会科技出版工作委员会主任

**编委会主任**
**胡志强**　中国科学院大学博士生导师

**编委会委员（以姓氏笔画为序）**

| | | | |
|---|---|---|---|
| **王小东** | 北方交通大学附属小学 | **张良驯** | 中国青少年研究中心 |
| **王开东** | 张家港外国语学校 | **张培华** | 北京市东城区史家胡同小学 |
| **王思锦** | 北京市海淀区教育研修中心 | **林秋雁** | 中国科学院大学 |
| **王素英** | 北京市朝阳区教育研修中心 | **周伟斌** | 化学工业出版社 |
| **石顺科** | 中国科普作家协会 | **赵文喆** | 北京师范大学实验小学 |
| **史建华** | 北京市少年宫 | **赵立新** | 中国科普研究所 |
| **吕惠民** | 宋庆龄基金会 | **骆桂明** | 中国图书馆学会中小学图书馆委员会 |
| **刘　兵** | 清华大学 | **袁卫星** | 江苏省苏州市教师发展中心 |
| **刘兴诗** | 中国科普作家协会 | **贾　欣** | 北京市教育科学研究院 |
| **刘育新** | 科技日报社 | **徐　岩** | 北京市东城区府学胡同小学 |
| **李玉先** | 教育部教育装备研究与发展中心 | **高晓颖** | 北京市顺义区教育研修中心 |
| **吴　岩** | 北京师范大学 | **覃祖军** | 北京教育网络和信息中心 |
| **张文虎** | 化学工业出版社 | **路虹剑** | 北京市东城区教育研修中心 |

## 目录 Contents

### 第一章　声音的秘密

1. 声音是什么　/2
2. 声音是怎样产生的　/3
3. 什么可以发出声音　/4
4. 声音是一种波吗　/5
5. 声波能传递能量吗　/6
6. 声音是横波还是纵波　/7
7. 什么是共振　/8
8. 共振有没有危害　/9
9. 共振可以用在哪些地方　/10
10. 为什么海螺里储存有海浪声　/11
11. 为什么说"优秀的跳水运动员都是共振专家"　/13
12. 声音有什么特性　/14
13. 声音大小的单位是什么　/15
14. 声音有重量吗　/16
15. 多普勒发现了声音的什么秘密　/17

### 第二章　声音传播与应用的秘密

16. 声音是怎样传播的　/20
17. 月球上为什么静悄悄的　/21
18. 声音的传播速度是多少　/22

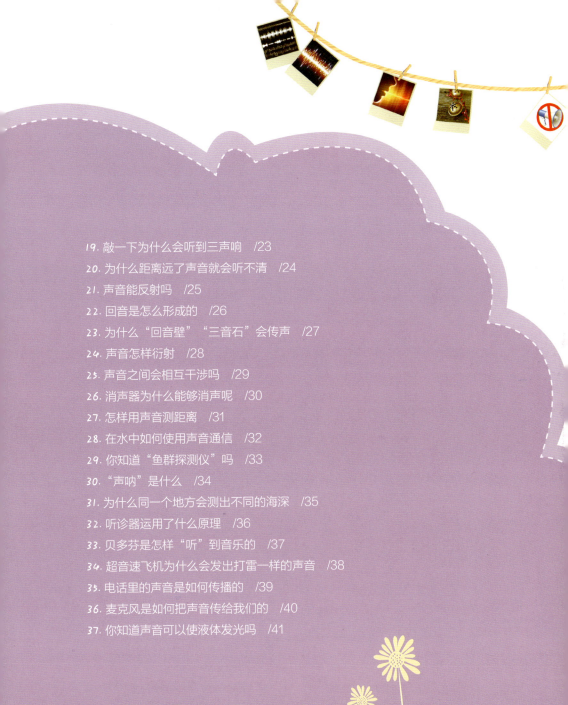

19. 敲一下为什么会听到三声响 /23
20. 为什么距离远了声音就会听不清 /24
21. 声音能反射吗 /25
22. 回音是怎么形成的 /26
23. 为什么"回音壁""三音石"会传声 /27
24. 声音怎样衍射 /28
25. 声音之间会相互干涉吗 /29
26. 消声器为什么能够消声呢 /30
27. 怎样用声音测距离 /31
28. 在水中如何使用声音通信 /32
29. 你知道"鱼群探测仪"吗 /33
30. "声呐"是什么 /34
31. 为什么同一个地方会测出不同的海深 /35
32. 听诊器运用了什么原理 /36
33. 贝多芬是怎样"听"到音乐的 /37
34. 超音速飞机为什么会发出打雷一样的声音 /38
35. 电话里的声音是如何传播的 /39
36. 麦克风是如何把声音传给我们的 /40
37. 你知道声音可以使液体发光吗 /41

## 第三章 人类接收和发出声音的秘密

38. 为什么人类可以听到声音 /44
39. 耳朵的构造是怎样的呢 /45
40. 为什么我们有两只耳朵 /46
41. 为什么剧场里的音乐效果好 /47
42. 人耳的"掩蔽效应"是什么 /48
43. 你知道颅骨也能传递声音吗 /49
44. 耳朵可以自主选择自己想要听的声音吗 /50
45. 为什么耳朵进水后听不清声音 /51
46. 睡着的时候还能听到声音吗 /52
47. 成人与孩子的听力有什么不同 /53
48. 人类与动物的听觉有什么不同 /54
49. 什么是听力障碍 /55
50. 我们怎样发出声音 /56
51. 什么是小舌 /57
52. 身形影响声音的高度吗 /58
53. 好听的声音是不是有发声技巧 /59
54. 为什么人会打嗝 /60
55. 变声是怎么发生的 /61

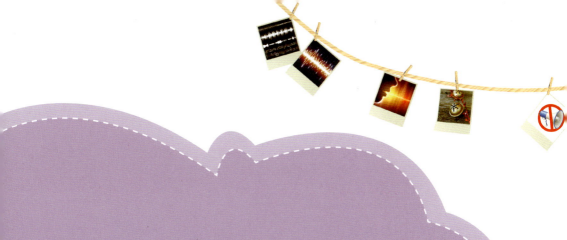

## 第四章　音乐与噪声

56. 什么样的声音叫作音乐 /64
57. 原始人懂音乐吗 /65
58. 最古老的乐器是什么 /66
59. 中国古代四大名琴都是哪些 /67
60. 好朋友为什么被称为"知音" /68
61. 音乐能治病吗 /69
62. 听音乐能加快入睡吗 /70
63. 什么是噪声 /71
64. 噪声与音乐有什么区别 /72
65. 噪声怎样分级 /73
66. 噪声对人体健康有什么影响 /74
67. 如何杜绝噪声对人类的危害 /75
68. 我们怎样在家里降低噪声 /76
69. 潜艇如何"隐身" /77
70. 海底世界的噪声有哪些 /78
71. 你知道噪声可以作为一种刑罚吗 /79

## 第五章 大自然的声音

72. 蟋蟀是怎样鸣叫的 /82
73. 为什么一到夏天蝉就叫个不停 /83
74. 为什么蝴蝶飞舞不会发出声音 /84
75. 青蛙为什么会"大合唱" /85
76. 母鸡下蛋后为什么"咯咯"叫 /86
77. 鹦鹉为什么会说话 /87
78. 蝙蝠靠什么识别方向 /88
79. 海豚的高音有多高 /89
80. 鲸鱼会唱歌吗 /90
81. 我们怎样知道恐龙的叫声 /91
82. 如何聆听光的声音 /92
83. 为什么我们总是先看到闪电,后听到雷声 /93
84. 大自然的"声音"都能听到吗 /94
85. 我们听不到的危险预警有哪些 /95

## 第六章 探究声音的有趣实验

86. 如何制作"土电话机" /98
87. 如何用示波器"看到"声音 /99

88. 怎样利用水和空气制作音乐 /100
89. 怎样用声音灭火 /101
90. 怎样检验真空不能传声 /102
91. 如何感受声音的反射现象 /103
92. 怎样简单测声速 /104
93. 共鸣实验怎么做 /105
94. 一个铃铛可以发出几种声音 /106
95. 影响音调高低的因素是什么 /107
96. 影响声音强弱的因素是什么 /108
97. 如何自制小笛子 /109

**互动问答** /111

当每天的太阳升起时,闹钟把我们叫醒;当我们去上学时,一路上车水马龙的喧闹声让我们不禁捂住耳朵;当我们伤心郁闷时,我们会掏出耳机听音乐。从我们呱呱坠地时起,声音就在我们身旁,无孔不入,无处不在。但是,我们真的了解它吗?

你知道为什么耳朵放在热水瓶口能听到嗡嗡声吗?你知道声音可以使液体发光吗?你知道海上风暴为什么能瞬间杀人吗?虽然声音就在我们周围,伴随着我们生活的方方面面,但是我们可能并没有真正地了解它。那么现在请跟随我们的脚步,一起来揭示声音的秘密吧!

第一章 声音的秘密

## 1. 声音是什么

声音是由振动产生的，并通过传播进入我们的耳朵，它既看不到，又摸不着。但从人类诞生起，声音就终日与我们相伴。古人说"一切可以听到的信息即为声音"。但随着科学技术的发展，我们对声音的研究日益加深，我们发现声音不仅仅是可以听到的信息。那么，这些进入我们耳朵的到底是什么呢？是物体？是一种反应？还是……

我们都知道声音是由物体振动产生的，正在发声的物体称为声源，振动停止，声音就停止。而声音就是发声体的振动通过固体、液体、气体传播形成的运动，这种振动就像水面的波纹一样，通过空气或是其他物体传入我们的耳朵。因此，我们把声音的传播形式称为"声波"，把传递"声波"的物质称作"介质"。当外界传来的声音像"波"一样传入我们的耳朵，就会引起耳朵内鼓膜的振动，这种振动经过听小骨及其他组织传给听觉神经，听觉神经把信号再传给大脑，于是我们就听到了声音。所以，声音就是声波通过介质传播所形成的运动。

用鼓槌击鼓的时候，鼓槌击打在鼓头的穹形鼓皮上，引起鼓皮振动，此时的鼓皮就是声源。振动的鼓皮使空气随之发生振动，产生从鼓头和鼓体发出并散开来的压力波。压力波从声源向外发出并散开，振动内耳的听小骨，这些振动被转化为微小的电子脑波，传入我们的大脑中，这样我们就听到了鼓声。振动作用于空气时产生"压力波"的过程跟我们向池塘内扔小石头时，水纹从石头落入处慢慢向外扩散的情形有点类似。

## 2. 声音是怎样产生的

我们从出生开始就和声音打交道，可是，声音到底是从哪里来的呢？

让我们来一起做个小实验吧。现在，我们把手放到喉咙上，发出"啊——"的声音，感受一下，我们在发声时，手部有什么不同的感受呢？是不是发声时手部会感到震颤，不发声时没有这种感觉呢？如果是这样，那就对了。这说明发声时声带在振动，不发声时声带不振动。那么，其他物体是否也是这样呢？发声的物体都会振动吗？

让我们观察一下身边发生的事情：敲鼓时可以听到鼓声，同时还可以感受到鼓面的振动；听到海浪的声音时，也可以看到波涛翻滚；拨动橡皮筋时，可以看到橡皮筋在不停地颤动。这些都告诉了我们一个事实：各种声音，不管它们具有何种形式，都是由于物体的振动所引起的。物体的振动是产生声音的根源，振动止，则声音止。

现在我们知道声音是怎样产生的了，不过有时候振动并不容易被人观察到，那么我们怎样才可以观察到物体在轻微地振动呢？我们再来做一个小实验：将正在发声的音叉紧靠在用绳子吊着的乒乓球下，我们就会看到乒乓球在欢快地跳动。由于音叉的叉股振动幅度很小，凭眼睛很难直接观察到，但是通过乒乓球，我们就可以明显地观察到"音叉的振动"。这种将不容易直接观察到的微小现象，通过某种方式形象、直观地呈现出来就是物理实验中的"现象放大法"，也叫"转换法"。你看，把音叉的振动"转换"成乒乓球的跳动，现象就明显了，观察起来也容易了。

## 3.什么可以发出声音

在物理学中,我们把正在发声的物体称为声源。我们说话时,声带是声源;我们听到鼓声时,鼓皮是声源;敲击音叉发出声音时,音叉是声源。声音是由振动产生的,这些振动的物体都是声源。那么,所有振动的物体都是声源吗?

你可能会想,振动使物体发声,正在发声的物体被称为声源,所以,所有振动的物体都应该被叫作声源啊。然而,答案是否定的。我们仔细看一下声源的定义:正在发声的物体。发声并不是振动产生声音这么简单,它还要产生声波,进入我们的耳朵。这一系列的过程都发生,才是"发声"。所以,如果物体在振动,但是如果没有可以使声波传播出去的介质,振动的物体也不能称为"声源"。能够听到声音说明物体一定在振动,但是在振动的物体可不一定是声源,这个我们要区分清楚哦!

声源也有不同的类型!有些声源通过固体振动产生声波向外扩散,如:音叉、鼓还有琴弦。而有些声源则是液体或者气体振动产生声波向外扩散,就像海浪、笛子以及雷电等。声源的不同使得发出的声音也不同,所以人们利用这些原理,制造出了各种声源,以满足不同的需求,像钢琴、古筝等乐器都是为满足我们的音乐需要而被发明出来的。自然界也拥有不少声源,风声、雨声、雷声,都是自然界的声音、天然的声源。

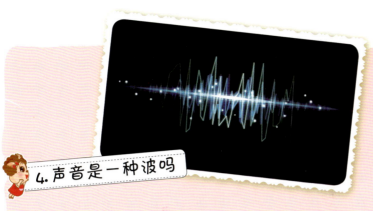

## 4. 声音是一种波吗

当我们看到海浪在翻涌向前时，我们说海水在"波动"；当有人情绪暴躁、不稳定时，我们说这人情绪"波动"较大。"波动"用来比喻上下起伏，或者情绪上的不稳定。但是，你们知道吗？"波动"也是一个物理上的专用名词，从这个词语本身，我们就可以想象到它代表的是一种上下起伏的运动形式，就像海浪在上下翻滚一样。

波动是一种常见的物质运动形式，就像我们用鞭子时，鞭子的起伏振动；敲击音叉时，音叉的左右摇摆一样。这种机械振动在介质中的传播，被称为机械波。而"波"就像是一棵大树，它会有很多枝干，声音、光线、无线电的传播都是"波"的枝干。发声体的振动在空气或其他物质中的传播叫作声波，声波是空气的波动。

声音就是以"波"的形式传播的，它借助各种介质向各个方向传播。声波的传送就是发声体产生振动，压缩空气，使得空气变得很"密集"。当波向前传递时，振动也向前传递，"密集"的空气就会膨胀开来，变得"分散"，空气就这样交替变化着、波动着向外传播。而相邻的两个密集部或分散部之间的距离就叫作"波长"。声音的波长越短，听起来音调就越高。

不过，当声音在空气中传播时，会向四面八方扩散，当所有的波从发声体一起向外出发时，就会形成一个球形的阵面波，像一个逐渐扩大的气球一样，当这个球形阵面波扩散到我们的耳朵旁时，我们就接收了声音。

## 5.声波能传递能量吗

**看**电视时,常常会看到歌唱家高音震破酒杯的节目,我们不禁感叹声音是如此的神奇,那么,你知道这到底是为什么吗?

其实,如果你知道声音是可以传递能量的,就会明白这其中的奥秘了。开始时,发声体振动进而产生能量,而在声波向四处传播的过程中,能量随着声波的运动也向前传递。就像水面的波浪一样,当振动发生时,本来平静的水面会向前波动,产生波浪,后面的波浪又会对前面的波浪产生推动力,前边的波浪因此就获得了能量,从而更猛烈地向前波动,而后边的水面因为没有了能量,很快便会平静下来。因此,当歌唱家唱出高音时,就会传递出强大的能量,从而引起酒杯的振动,并最终导致酒杯破裂。

我们不妨做一个小实验来印证一下声音传递能量的现象:拿出一块平板,把它放在音箱的喇叭口处,然后在这块平板上面放一些小纸团,接着播放音乐,这时我们会观察到这些小纸团在跳动,好像一群闻乐起舞的小舞者,有趣极了。那么,让纸团们舞动起来的能量是从哪里来的呢?当然是声波传过来的啦!就像一个猛烈的惊雷忽然在近处炸响时,人们能感觉到房间的窗子似乎都在震动,甚至连地面也在震动,这都是一样的道理。通过这个小实验,我们知道了:声波的确是可以传递能量的。

既然声波可以传递能量,聪明的人类怎么会不加以利用呢?现在,人类就发明了一种声波除尘机,运用声音传递出的能量把一些我们没办法看到的角落里的细小灰尘振掉,以达到清洁的效果。其实,人类还运用许多科学原理发明了很多东西来改善我们的生活。可见生活到处都充满了科学,我们要学习更多的知识,了解奥秘,最终运用这些知识造福社会。

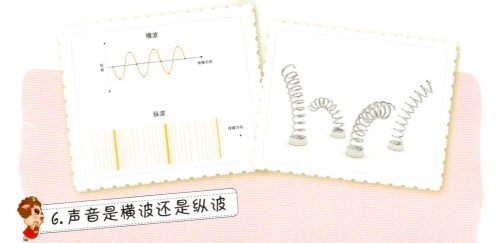

## 6.声音是横波还是纵波

**波**动是一种常见的物质运动形式,声音就是以"波"的形式传播的。"波动"的形式又可以分为两种类型:一种是横波,一种是纵波。那么,声波是属于哪一种波动形式呢?让我们先了解一下横波和纵波吧。

横波,是质点的振动方向与波的传播方向互相垂直的一种波,也称凹凸波,比如我们所熟悉的电磁波就是横波的一种。而纵波呢则是质点的振动方向与传播方向相互一致的一种波。为了理解这两种波,我们先来了解一下质点。质点就是用来代替物体的具有质量而不用考虑其形状和大小的点,它只是一个实际上并不存在的理想化的模型。当振动物体上所有点的运动情况都相同时,我们可以把它看作是一个质点。简单地说,我们手中拿着一根绳子的一端,上下抖动绳子时所产生的就是横波,此时绳子在上下运动,而波动却在水平向外传播,质点的振动方向与波的传播方向相互垂直。而当我们用手拿着弹簧的上端,快速地上下抖动时,弹簧所产生的波动就是一个很形象的纵波。弹簧上下振动,波动也随着向下传播,这就是纵波。

一般来说,声音是一种纵波,因为"声源"在空气中振动时,一会儿压缩空气,使其变得"密集";一会儿空气膨胀,变得"分散",形成一系列时疏时密、错落有致的变化的波,从而将振动能量传递出去。此时,声波的振动方向与传播方向是一致的,由此推断,声波属于"纵波"。而且,横波只能在固体中传播,而纵波能在任意介质中传播。从声音可以明显地在空气中传播这一点,我们也能很容易判断出声波是"纵波"了。

## 7. 什么是共振

中国北宋科学家沈括在他的科学著作《梦溪笔谈》中记录了他曾经做过的一个有关共振的实验：他将一个剪好的小纸人放在琴弦上，拨动其他琴弦。他发现当他拨动其中的某一根琴弦时，小纸人会跳动，而当他弹动其他琴弦时，纸人则不会跳动。这是为什么呢？你知道吗？

其实，这种现象就是声学上的共振。我们要了解共振，首先应该了解一下振动的属性。振动具有一定的频率，即单位时间内完成振动的次数，通常我们测定的频率是1秒内物体完成振动的次数。而振动物体离开平衡位置的最大距离叫作振动的振幅，从振幅的角度我们可以了解物体振动幅度的大小和振动的强弱。每一个物体本身发生振动的频率是固定的，这个频率就叫作固有频率。而当我们用一个周期的力作用于拥有固有频率的物体时，我们就会发现，只有这个力的频率和物体的固有频率相同时，振幅才最大，这种现象就是共振。此时的振动频率就是共振频率，也就是说，物体在受力振动时只有在发生共振的情况下的频率才叫作共振频率。共振频率和固有频率在数值上是相等的。举个简单的例子来说：当我们用不同振动频率的音叉靠近悬挂着的乒乓球时，我们会发现，只有在音叉振动频率与乒乓球的固有频率相同时，乒乓球跳跃的幅度才最大，这就是共振现象。

共振在声学中也被称作"共鸣"，它指的是物体因共振而引起的发声现象。比如，两个固有频率相同的音叉靠近，其中一个振动发声时，另一个也会发声。因此，当沈括在弹动某一根琴弦时，小纸人就会随着跳动。因为这根琴弦的振动频率与放置小纸人的琴弦的固有频率相同，它们就发生了共振现象，小纸人就跳动起来了。

## 8.共振有没有危害

**共**振不仅可以为我们带来一些奇妙的体验，同样也可能带来一定的危害性。

在18世纪中叶的欧洲，一队拿破仑的士兵在指挥官的口令下，迈着雄壮整齐的步伐，通过法国昂热市的一座大桥，可是在士兵们快要走到桥的中间时，这座桥梁突然发生了剧烈的颤动并最终断裂倒塌，致使许多官兵和市民落入水中，很多人失去了生命。后来经过调查证实，原来是共振引发了这次灾难！士兵队伍整齐地前进，形成一个统一固定频率，如果正好与大桥自身的固有频率相同，就会发生共振，从而加剧桥梁振动的振幅，当振幅达到极限，甚至超过桥梁的抗压能力时，就会造成桥梁断裂。相似的事件曾多次发生。后来，大家都明白了这个道理，当大队人马，特别是军队，在过桥的时候都改为自然小步走路。

这种由"共振"引发的事故在我们的生活中还有很多，比如站在高山上的一声呐喊，可能会引起山顶积雪的共振，顷刻之间引起一场雪崩；行驶着的汽车，如果轮转周期正好与弹簧的固有节奏同步，那么它们所产生的共振就能导致整辆汽车失去控制，从而造成车毁人亡的后果。

共振给我们带来了这么多的灾难，那么我们能不能预防它呢？如果可以，又应该怎样预防它呢？答案是肯定的。我们可以让驱动力的频率与振动物体自身的频率形成差异，差异越大越好，这样就可以有效地防止共振了。例如人们在电影院、播音室等地方，常常采用加装一些海绵、塑料泡沫或布帘的办法，使声音的频率在碰到这些柔软的物体时，不能与它们产生共振，相反的而是被它们吸收掉。又比如电动机要安装在由水泥浇铸的地基之上，与大地紧紧相连，或者安装在很重的底盘上，使其基础部分的固有频率增加，从而让它的固有频率与驱动力频率之间的差异增大，有效地防止共振的出现。

## 9. 共振可以用在哪些地方

共振可能会造成雪崩、车祸、桥梁房屋倒塌。那么，它对我们有这么多危害，我们是不是要尽可能地远离它，尽量不让它发生呢？其实，很多事情都有两面性，虽然共振有坏处，但是我们也要扬长避短，学会运用它的长处，使它尽可能多地为我们服务。

实际上，中国人对声音共振的运用，可以追溯到很久远的年代。早在战国初期，当时的人们就发明了共鸣器，用来侦探敌情。他们在城墙的根部每隔一定的距离就挖一个比较深的坑，然后在坑里埋置一只有七八十升容量的陶瓮，而瓮口则蒙上一层皮革，远处传来的声音与陶瓮发生共振，陶瓮内的空气随即就发出嗡嗡声，听觉聪敏的人伏在这个共鸣器上就可以根据嗡嗡声的响度差别来识别来敌的方向和远近。这种方法历来就被广泛地应用在战争之中，深受军事家们的青睐。

到了现代，人们对共振的应用就更多更广了。比如电台会通过天线发射出波长不同的信号，收音机通过将天线的频率调到和电台电波信号相同的频率来引起共振，将电台的信号放大，以利于接收电台的信号。还有好多人都喜欢的乐器吉他内就设置有共鸣箱，当我们拨动音弦时，共鸣箱就把声音扩大，发出悦耳的音乐声，这也是共振产生的美妙效果呢。还有，家家户户都在使用的厨房好帮手——"微波炉"也是利用食物内的水分子和"微波"产生共振，来蒸熟食物的。微波炉中使用的微波就是频率为2500兆赫兹左右的电磁波。

## 10. 为什么海螺里储存有海浪声

你有没有在海边捡过贝壳呢？有的时候，也许我们还会很幸运地捡到个头比较大的海螺，当我们把海螺放在耳边仔细听的话会惊奇地发现：里面有连绵不断的海浪声。这是为什么呢？难道海螺里住了一个仙女，她在里面唱歌？其实，这也是声学上"共鸣"的现象。

任何物体都会有自己的固有频率。几乎所有容器里的空气（也称空气柱，空气柱没有确定的外形，它是流动的，放在什么容器里它就成什么样子），都会同发声物体产生共鸣。当我们拿一个发声的物体靠近容器口时，如果正好发声体的频率与容器的固有频率相同时，容器内的空气柱就会产生共鸣，从而使声音的强度增大。

我们处于一个遍布声音的世界，无时无刻不存在着各种频率的声音：人类和各种动物的声音、风声、水流的声音、机器的轰鸣声、马路上汽车的声

音。即使万籁俱寂，也会有各种微弱的声音，只是不容易听见罢了。或许就有可以引起空的容器共鸣的声音。微弱的声音经过共鸣以后就会被放大。原来，海螺里的海浪声就是周围的声音在海螺的腔体里产生的共鸣。

我们在超市也会常常看到人们在购买暖水瓶时，会将耳朵放到瓶口仔细听一听，看看是否能听到嗡嗡声，以此来检验瓶体是否有破损的情况。其实这正是声音的共鸣在日常生活中的一种运用。如果瓶体有所破损的话，瓶内原有空气柱的完整性就会遭到破坏，那么，共鸣的声音也会有所变化，我们就能以此来判断选择了。瓶体内的空气柱越短，其振动频率就越高，引起共鸣声音的频率也就越高，因此一个空瓶子发出的嗡嗡声比装上水的瓶子发出的声音要响亮。

## 11. 为什么说"优秀的跳水运动员都是共振专家"

跳水运动有着非常悠久的历史，中国早在宋朝以前，就已经出现了这项运动。它综合了惊险的动作、优美的姿态和变化万千的技法，深受人们的喜爱。而中国跳水运动员更是世界跳水运动员中的佼佼者，我们在欣赏运动员们在比赛中的完美表演以及优雅的身姿时，有没有探究过这小小跳板中隐藏的科学道理呢？其实，那短短的几秒钟时间内，包含了太多我们不太注意的科学知识，而且每一个优秀的跳水运动员都是共振专家，为什么这样说呢？

跳板跳水的跳板是软的，当运动员站上跳板时，跳板下压，并在运动员起跳后向上弹回，从而才能将运动员"送"向空中，并增加运动员在空中的时间，使运动员有充分的时间做出一系列的动作。然而运动员想要得心应手地驾驭跳板却并非简单的事。

运动员脚底下的跳板上下起伏也是一种波动，跳板也有它本身的固有频率，所以运动员的走板动作必须与跳板的固有频率合拍，一定要按照跳板摆动的节奏来定自己的节奏，也就是要让自己的步频和跳板的固有频率形成共振，达到"人板合一"的状态，才能使运动的阻力减少，弹出的幅度更大。如果步伐的快慢和跳板的起伏频率不一致，跳板和运动员的力量就会相互抵消，失去弹出去的能量，出现"踩死板"的现象。所以说优秀的跳水运动员都是"共振专家"，他们都领悟了"共振"的原理，才能将跳水运动完美地表现出来。

## 12. 声音有什么特性

我们总是用"高矮胖瘦"、"大眼睛"或者"高鼻梁"这些身材或者长相上的不同来区分人。声音也是缤纷多彩的，有高有低，有悦耳的，有难听的。我们怎样区分声音的不同呢？这就要让"声音的特性"大显身手了。

声音共有三个不同的特性，即响度、音调和音色。

响度，也叫音量，就是人们主观上感觉得到的声音的强弱。它的大小由振幅和人离声源的距离来决定，振幅越大响度越大，人和声源的距离越小，响度越大。比如当我们使劲敲打鼓面时，鼓的振动幅度就越大，声音也就越大。当鼓声的声源离我们越近时，我们听到的鼓声也就越大，这就是声音的响度。

声音的另一个特性就是音调，也就是声音的高低。通常我们所说的高音和低音，就是根据音调来区分的。音调是由频率所决定的，频率越高音调也就越高。频率的单位是赫兹(Hz)，我们的耳朵所能听到的声音频率通常为20～20000赫兹。20赫兹以下的声音称为次声波，20000赫兹以上的声音称为超声波。超声波和次声波，人类都不能听到，不过它们是确实存在的。

声音的第三个特性就是音色，也被称为音品。我们常常说声音真好听，其实指的就是音色很美。质地各不相同的物体，有着各样的音色。音色不容易分辨，不容易讲清楚，较为抽象。通过波形，我们可以直观地看到音色的表现。波形不同，音色则不同。因此，我们通过波形是完全可以分辨不同的音色的。

响度、音调和音色是声音的三个主要特性，人们就是根据它们来区分不同的声音的。

分贝仪

## 13. 声音大小的单位是什么

在我们开始学习语文时，老师都会告诉我们，东西的前面加一个"量词"，就可以知道物体的数量了，如"一杯水""一只鸡"。"杯""只"都是量词，加上这样的量词，我们就知道水和鸡有多少了。那么，如果我们要形容声音的大小，要用什么样的"量词"呢？这个形容声音大小的量词，就是声音大小的单位。

分贝就是用来形容声音大小的物理量，即声音的单位，它的符号是dB。这个符号是为了纪念美国发明家亚历山大·格雷厄姆·贝尔在声学和电学方面的贡献。贝尔发明了电话，有利于远距离沟通，极大地方便了我们的生活，人们以他的名字贝尔来命名声音的单位。不过因为贝尔的单位太粗略，不能充分地表达出人们对声音的感觉，因此，人们在贝尔前面加了"分"字，代表十分之一。1贝尔就等于10分贝，这样命名就更精确了，能够准确地区分出声音大小间更细小的不同。

既然有了声音大小的单位，还要拥有一个声音大小的标准，这样，我们才能得出具体的声音大小。就像3米外一只蚊子在飞时所发出的声响，刚刚能够引起我们的听觉，这种大小的声音，把它定为0分贝。按照此标准，我们正常说话时的声音一般为40～60分贝，不过，一般我们在睡觉时，如果声音超过40分贝，就会影响我们的睡眠了。嘈杂的马路上，声音大概是90分贝，超过这个数值的声音都会影响人们的听力。一台电动机工作时所发出的"嗡嗡"声能够达到110分贝，而飞机起飞时的声音则可以达到130分贝，这样的声音可能会引起耳鸣，长时间待在声音超过90分贝的环境里，会导致人的听力受损。所以我们一定要注意防止噪声污染哦！

## 14. 声音有重量吗

我们生活在一个有声音、有空气的世界里，但是，声音和空气都看不见，也摸不着。空气漂浮在我们的周围，却是很"重"的，你有没有感受到呢？据科学家计算，每立方米的空间内，标准大气压之下，就有1.29千克重的空气存在。也就是说，在我们上课的教室内，空气就有90多千克重。不过不用担心，整个世界的空气是流通着的，人体内的气压和外界一样，所以人类可以和空气相安无事。那么，同样是看不见、摸不着的声音，有没有重量呢？

事实上，声音和空气是不一样的，声音是没有重量的。声音不是一种物质，只是一个名称，因而没有质量，质量只能是对物质而言的物理量，声音没有质量也就不会有重量。声音是一种纵波，波是能量的传递形式，所以，它只是一种形式，而不是物质。它有能量，也能传递能量，所以能产生引起一定的反应，显示出一定的效果，它是的的确确存在的。但是它不同于其他的波，其他的波不只有能量，还有质量。声音在物理上只有压力，是没有质量的。

声音和空气，同样看不到也摸不着。但是，它们是完全不一样的。空气是一种物质，而声音只是一种运动，以波的形式表现出来。所以，可不要误以为，既然空气这种完全感觉不到的物质都有质量，那么世界上所有的物质和现象都具有质量了。声音是没有质量的。现在，你明白了吗？

## 15. 多普勒发现了声音的什么秘密

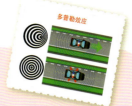

1842年的一天，奥地利一位名字叫作多普勒的物理学家，正从一条铁路的交叉处路过，这时恰巧一列火车从他身旁飞速驶过，他因此发现一个很有趣的现象：当火车由远及近驶来时，汽笛的声音会变响，音调也会变尖；而当火车由近及远驶离时，汽笛的声音就随之变弱，音调也随之变低。当时，他对这个物理现象非常感兴趣，于是就对此进行了深入的研究。结果他发现，声源相对于观测者而言，如果在运动状态时，观测者听到的声音的频率和振源的频率是不相同的。当声源离观测者远去时，声波的波长会增加，而声波的频率则会变小，因此声音的音调会变得低沉；而当声源逐渐靠近观测者时，声波的波长会减小，而声波的频率则会变高，于是声音的音调就变高了。这一现象是由多普勒首先提出来的，所以人们称之为"多普勒效应"。

很多人可能会想，不就是声源相对于观测者在运动时，观测者所听到的声音会发生变化嘛！这又有什么用呢？其实，多普勒效应可以应用在很多方面，它可是帮了我们的大忙呢！比如我们在医院里常见的超声频移诊断法，就是根据多普勒效应的原理。比如，想要检查血液的流动速度，仪器向身体内发送超声波，由于血管内的血液是流动的，所以超声波振源与血液之间就会产生"多普勒效应"。因而当血液朝着超声源运动时，反射波的波长就会被压缩，其频率随之会增高。而当血液离开超声源运动时，其反射波的波长就会变长，其频率随之也会减小。反射波频率增加或减少的量，与血液流动的速度是成正比的，据此我们就可根据超声波的频率改变量，来测定血液的流动速度。还有，医院使用的彩超也是多普勒效应的应用。

测量车速时，我们同样会用到多普勒效应。交警向行进中的车辆发射频率已知的超声波，同时测量反射波的频率，然后根据反射波频率的变化就能知道车辆的速度。可见，多普勒效应在我们的生活中，是被广泛应用着的。

走在路上，源源不断的声音传入我们的耳朵，我们可以通过声音判断出它的来源，也知道现在一定有物体在振动发声，但是，声音产生就能直接钻到我们的耳朵里吗？它是怎样传播的呢？它的传播又需要怎样的条件呢？爱探究的科学家又怎么会放过这些知识，他们利用这些知识做了些什么呢？关于声音的应用又是怎样便捷我们的生活的呢？这些你想知道吗？让我们一步一步地去探索"声音的世界"吧。

第二章 声音传播与应用的秘密

## 16. 声音是怎样传播的

我们坐在教室里，听老师站在讲台上为我们讲授知识。我们坐在讲台下听得津津有味，可是听过课后，有没有人去认真思考过：老师上课的声音是怎样传播到我们的耳朵里来的呢？也就是说，声音是怎样从声源处传播出来的呢？

要揭开这个谜底，让我们先做个小小的实验吧：在玻璃罩中放置一个闹钟，定好使它发出声音的时间。当闹钟发出声音后我们拿抽气机慢慢地把玻璃罩中的空气抽出来，我们会发现，可以听到的声音越来越弱小，越来越微弱，最后几乎什么都听不到了。这又是为什么呢？难道是闹钟坏掉了，渐渐不响了？可是当我们把玻璃罩拿开时，我们又会发现，闹钟依然还在响着，闹钟并没有坏掉。那刚才的现象又是怎么回事呢？原来啊，声音不是一经产生我们就能听到的，声音的传播是需要外在条件的。声音可以在空气中传播，但是却不能在真空中传播，声音的传播是需要介质的。现在你明白为什么在被抽干净空气的真空状态下，玻璃罩内的闹钟的声音我们听不到了吧！

声音可以在空气中传播，那么它在固体和液体中可以传播吗？试着塞住一只耳朵，用另一只耳朵贴在桌面上，接着用手敲击一下桌面，这时你会发现，没有被塞住的耳朵还是能够听到桌面发出的声音的，这说明声音也是可以通过固体传播的。我们再将用塑料袋包好的正在响的闹钟放置在一桶水中，这时依然也可以听到闹钟的声音，这说明液体也是可以传播声音的。由此可知，声音靠介质传播，跟介质的形态无关，气体、液体和固体都可以传播声音，只有在真空中不能传声，因为真空中没有任何传播介质。

## 17. 月球上为什么静悄悄的

**我**们小时候，都曾经听大人讲"嫦娥奔月"的故事，从远古时候起我们就开始了对月球的美好幻想。现在的人类经过不懈的探索和努力，终于实现了几千年来人们向往登上月球的愿望。中国的神舟十号飞船在2013年6月11日17时38分成功发射，并完成了在太空授课的任务。宇航员通过专业的设备将影像和声音传递到地球被我们接收到，为我们讲授知识，我们也第一次听到了来自月球的讲课的声音。但是，你有没有想过，在月球上宇航员能够像我们一样直接交流吗？

事实上，月球上异常的安静，没有一丝的声音。人们在月球上无论怎样大声地向对方呼喊，对方都是听不到的。这是因为，月球上没有空气，是一个完全真空的状态。而声音没有了传播的介质，当然是无法传播的，我们自然也就什么都听不到，更不用说用言语来进行沟通了。

不过，虽然在月球上人们不能直接进行沟通，但是聪明的科学家们早已经想办法解决了这个难题。你知道宇航员在太空中是靠什么来进行交流的吗？对了，他们可以通过无线电来进行通信。登上月球的宇航员可以在宇航服的头盔里说话，声音传到嘴边的麦克风里，就会变成电信号，电信号再经过无线对讲机发射出电磁波，电磁波可以在太空里传播，它本身就属于一种传播介质，然后被另一个宇航员的无线对讲机接收到，再由对讲机将其转变成电信号传到这个宇航员的耳机上，那么这个宇航员就可以听见说话的宇航员所发出的声音了。宇航员就是通过这样一个像电话般的装备，来进行相互之间的交流的，这是不是很神奇呢？

## 18. 声音的传播速度是多少

当我们使用耳机时，声音直接就进入了我们的耳朵；当我们面对面聊天时，声音也是瞬间就被我们听到；当我们去听演唱会时，声音即使隔很远也能传播过来，也是瞬间就进入了我们的耳朵。声音转瞬即至，难道它的传播不需要时间吗？还是声音的传播速度非常快，我们难以感觉到其所需要的时间？如果事实是这样的，那么声速和飞机飞行的速度哪个快呢？

事实上，声音的传播是需要时间的，只不过它传播的速度太快，以至于不容易被我们感觉到。当我们聊天时，声音在空气中传播，声速大概是340 米 / 秒，也就是 1224 千米 / 小时。我们说话时的距离一般在几十米之内，这样我们就可以计算出，声音不到一秒钟就可以传播到我们的耳朵中，我们还感觉不到时间差。那么，声音的速度和飞机的速度到底哪一个更快一些呢？通常来说，现在的客用飞机的速度一般是 1000 千米 / 小时，而声音的速度是 1224 千米 / 小时，对比一下，我们就可以知道，还是声音的速度快。不过，现在人类已经发明了超音速飞机，其飞行的速度早已超过声音的速度了，你可以想象一下这种飞机的速度是多么的快！

其实，声音的传播速度在不同的介质中是不一样的。室温情况下，它在钢铁中的传播速度能够达到 5200 米 / 秒，在水中也能达到 1497 米 / 秒，所以声音在固体中传播的速度最快，在气体中的传播速度最慢。而且，声音的传播速度不仅仅和传播的介质有关，还与温度有着很大的关联呢。在介质相同的情况下，温度越高，声音传播的速度也就越快。所以，要想让声音传播得更快，就让它在高温的固体中传播吧！

## 19. 敲一下为什么会听到三声响

**首**先让我们来做这样的一个小实验：拿出一根空铁管，请一个人在铁管的一端敲击一下，另一个人耳朵贴在铁管的另一端，那么，你知道他能听到几声响吗？如果在这根铁管内装满水，然后再敲击一次，那么耳朵贴在铁管另一端的人又能听到几声响呢？很多人也许都会这么想：敲击一下，振动一次，当然只能听到一次声响了。如果你也是这样想的话，那么你就大错特错了。正确答案是，在空的铁管一端敲击一次，另一端的人能听到两声响，而在装满水的铁管一端敲击一次，另一端的人则可以听到三声响。你一定很好奇：这到底是为什么呢？

答案是这样的：当一个人在一根空铁管的一端敲击一下时，声音会在铁管和空气两种介质中同时传播，因为声音在固体和气体中的传播速度是不一样的，在固体中传播得最快，在空气中传播较慢，所以会先听到由铁管传过来的声音，接着再次听到通过空气传过来的声音。铁管另一端的人一共可以听到两次敲击声。以此类推，我们就可以知道：如果在铁管内装满水，再敲击铁管的话，铁管另一端的人就会听到三次声响，它们分别由铁管、水和空气以各自不同的声速先后传播过来。声音由振动而产生，振动一次的确只能产生一次声音，但是，声音在传播过程中，遇到不同的介质就会产生不同的速度，再以不同的速度到达终点，所以，铁管另一端的人所能听到的就不止是"一声响"了！

我们不妨在家中找一个铁管试一试，看看你能听到几声响？

## 20. 为什么距离远了声音就会听不清

生活中我们都曾有过这样的体会：如果两个人相距不远，就可以小声地交谈；如果两个人相距再远一些，想要让对方听到自己的声音就要大声叫喊了；如果超过一定的距离，即使一方大声吆（yāo）喝，另一方也是听不见的。这是什么原因呢？原来声音会随着传播距离的增加而逐渐递减，以至于越来越小，直至最终消失得无影无踪。这是声学现象的一种，这种现象通常被称为声音的衰减。那么，声音为什么会衰减呢？

导致声音衰减的原因有两个：一个是扩散，另一个是吸收。声音的扩散指的是声音随着距离的增加，其覆盖的范围会越来越广，因而其能量会越来越分散，强度也会变得越来越小，就像离光源远的地方亮度没有离光源近的地方强一样。能量从一个点出发，扩散得越远，能量就递减到越少，所以如果开始时的能量越大，那么其扩散的范围也就越远。而声音的吸收则是指声音在传播过程中，会遇到很多物质，这些物质内部通常都有许许多多我们用肉眼所看不到的孔隙，而声波会渗透到这些物质材料的孔隙之中，再加上物质里的小孔都是相互连接的，声波通过这些小孔时，会与它们产生摩擦，摩擦生热，这样声能也就转化为热能了。

所以，声音在经过扩散和吸收之后，距离比较远的话就听不清楚了。不过，我们既然知道了这些原理，就要学以致用啊！比如在噪声污染比较严重的厂房内，我们就可以利用声音能够被吸收的原理，放置一些诸如海绵之类既松软又多孔的消声设备，减少机器的轰鸣声对工人和附近居民的影响。如果你想在家中弹钢琴，又不想影响到周围的邻居，就可以关好门窗，在钢琴琴体部分蒙上一层布，以减少声音的扩散！

## 21. 声音能反射吗

我们晚上开灯看书，灯光照射到书本上，再反射回来，进入我们的眼睛内，这样我们才看到了文字。而声音和光一样，都是以波的形式传播的，那么，我们所看到的东西是被我们直接"看"到的呢？还是通过反射进入我们眼睛的呢？声音能反射吗？

事实上所有的波都是可以发生反射的，而声波作为波的一种，当然也具有这个特性。当水的波纹向前波动遇到障碍物时，就会被反射回来，使波纹朝着传播来的方向再波动回去。而声波的反射也是这样，当声波在传播的过程中遇到很难穿越过去的障碍物时，就会被反射回来。比如我们在山谷里大声呼喊后听到的回声，就是声音反射的一种；再比如我们在家里打开音响时，声音向墙壁四周传播过去，当声音碰到墙壁之后一部分声波就会被反射回来，从四面八方传入我们的耳朵，于是声音就变得立体了。

利用声音的反射原理，我们可以制造出很多有用的工具。传声筒做成一个喇叭般的筒状，其实就是利用了声音的反射。声音经过传声筒时，在筒壁反射，其传播方向会变得更加集中，声音的强度也就随之增强。因此，利用传声筒我们可以将同样强度的声音，传到较远的地方去。你肯定也有过这样的体验：用双手放在口边作喇叭状，呼喊离自己比较远的人，这其实也是声音反射原理的应用。还有音乐厅和剧院的舞台上方，经常会装上一些平滑的反射镜，它们的作用就是让声音经过反射后聚拢在一起，更完整地传播到观众席上，以达到更佳的视听效果。

## 22. 回音是怎么形成的

当我们登上山顶时，对着远方的山谷大喊一声："你好吗？"稍等片刻我们一定会听到山谷传来"你好吗"的呼喊，难道山谷也有智慧，能够听懂我们的问话？不要惊奇，这就是大自然的神奇现象——回音。

回音也叫回声。是我们日常生活中常见的一种声学现象，在空旷的礼堂或者山谷里，当我们大声讲话或者呼喊之后，所听到的回音其实是声波遇到障碍物后所发生的反射。当反射回来的声音与我们听到的原声源的时间差超过 0.1 秒时，人的耳朵就能把反射的声音与原声源明显地区分开来，这就是我们听到的回音。不过当反射回来的声音与我们听到的原声源的时间差小于 0.1 秒时，人的耳朵就无法将两个声音区分开来了，从而形成了声音的混响，影响到我们所听到的声音的品质。有些人可能会想，为什么我们在家里说话听不到回音呢？这是因为我们家里的窗帘布、绿植以及家具等物件可以把一些声音吸收掉，而且房间里的声音传播距离比较短，我们说话的原声音与反射回来的声音之间的时间差小于 0.1 秒，以至于我们的耳朵不容易察觉到回音。

其实，回音这一声学现象令我们觉得神奇之余，还对我们的生活造成了许多困扰。比如在大型的礼堂里演出音乐剧时，表演者发出的声音就常常被回音所干扰，以至于听不清楚。所以，许多人专注于研究"回声消除"的技术，希望在声音远距离传输时，我们依然能听到完美的音质。不过"回声消除"技术关联到很多专业领域的知识，想要真正了解它并取得实质性的有效成果，需要我们具备深厚的理论基础和特殊的专业知识技能才能做得到。

## 23. 为什么"回音壁""三音石"会传声

在中国的江西省弋阳县，有个叫"四声谷"的山谷，人站在那里高喊一声，可以听到四次回音；在英国牛津郡（jùn）的一个山谷里，鸣一枪，就可以听到30多次回音。大自然的回音如此神奇，而我们的祖先也早已经用自己的智慧与双手，造出了同样神奇的"回音壁""三音石"，它们就位于首都北京的天坛公园内。

回音壁是天坛里的一道圆形的围墙。如果一个人站在东面的墙下面朝北墙轻声说话，而另一个人站在西面的墙下面朝北墙轻声说话，两个人把耳朵靠近墙，都可以很清楚地听见远在近百米的另一端的对方的声音，而且说话的声音回音悠长。这是什么原因呢？原来回音壁的整个围墙的弧度十分规整，而且墙面都砌得十分整齐光滑，声音在传播过程中会发生"全反射"现象，所有声音都会完全地反射出去，声音在传播过程中不会出现能量耗损情况，所以即使距离很远，也会听得很清楚。

三音石是位于回音壁内地面上正中央的一块石头，人如果站在三音石上鼓掌一次，就可以连续听到"啪、啪、啪"三次回音，三音石的名称就是由此而来。三音石被设置在围墙的中心，当掌声等距离地传到围墙四周，又等距离地被反射回来时，会在中心点合成为第一响；而反射音经过中心点又继续向四面八方传播，碰到围墙后又被"弹回来"并在中心点形成第二响；如此往返不停，便能听到第三响。又因为声波的能量在传播的过程中会逐渐损耗，所以三响之后，剩下的声音就微弱得几乎听不出来了。

## 24. 声音怎样衍射

衍射又称为绕射，顾名思义，就是波在遇到障碍物或者小孔时绕过障碍物，穿过那些小孔，向四周发散传播的现象。衍射也是波的一种特有现象，所有的波都能发生衍射，所以，声音作为一种机械波，自然不能例外，它也能发生衍射。

声波在传播过程中，往往会遇到小孔或者细小的缝隙。这时，如果声音的波长比孔隙的宽度小，频率比较高，声波就能完全透过孔隙，继续发散传播；如果声波的波长大于孔隙的尺寸，则声波不能完全穿过孔隙，只能使其中一部分的声波发生衍射，继续传播。但是，孔隙越大，衍射的现象就越不明显。我们把它放大来看，当这个小孔和声波的波长一样大时，那么声音传播到小孔时，就不会受到阻碍，直接沿着原来的轨迹，直线穿过小孔，我们就看不到衍射的现象了。所以，孔隙越小，波长越大，声波的衍射现象就越明显。

现在，我们来思考一个问题：站在墙外面可以听到墙内的人说话，这是因为声音在墙壁中传播，还是因为声音发生了衍射呢？其实，这主要是因为声音发生了衍射，当声音传播到墙体时，墙体上会有许多我们肉眼看不到的小孔，声音透过这些小孔，发生了衍射，墙外的人就听到了声音。不过还是会有一部分声音会通过墙壁传播的。

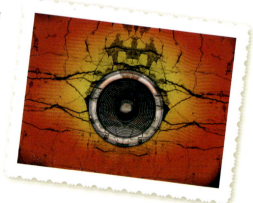

虎蛾

## 25. 声音之间会相互干涉吗

当声波遇到镜子后，会发生反射；当声波遇到小孔时，会发生衍射；那么，当声音遇到声音时，又会有着什么样的有趣现象呢？我们可以用水波纹试一试：在池塘边，分别同时在两个距离大概1米的位置，搅动水面，观察一下，当两列水波纹相遇时会发生什么现象？

其实，两列波相遇后发生的现象，我们称之为"干涉"。干涉与反射和衍射一样，是波的一种特有现象，所有的波都会发生。当两列声波相遇时，波会因为前进而发生重叠。若是波峰和另一列的波峰相遇或者波谷与波谷相遇，两列声波的振幅就会加大；若是波峰与另一列的波谷相遇，两列波就会相互抵消，振幅减小。我们可以观察水面波纹，就可以清晰地看到波的干涉图。不过，当两列波相遇后，它们的波形和行进速度不会因为发生干涉而改变。

在生物界有一种聪明的生物——虎蛾，就善于利用声音的干涉来保护自己。虎蛾自身会发出一种超声波，让蝙蝠听起来好像是蛾子从一处发出的声音。于是蝙蝠便循着声音猛扑下去，结果除了空气，它什么也没有抓到。当虎蛾发出超声波的嘀嗒声，与蝙蝠发出的超声波相遇时，两种声波之间发生了干涉效应从而使蝙蝠的定位系统产生混乱，虎蛾便以此达到保护自己的目的。

## 26. 消声器为什么能够消声呢

**在**大街上，有时会忽然听到巨大的轰鸣声，然后就看到一辆跑车急速驶过。而平时，我们见到的多数汽车都不会有这么大的噪声，这都源于消声器的功劳。在汽车上加消声器，能够降低发动机的排气噪声，并使高温废气能安全有效地排出。这是什么原因呢？

汽车排气管主要由两个长度不同的管道构成。这两个管道在内部是分开的，在排出废气时交汇到一起。每个管道都会在排气时发出声音，产生声波。不过，两种声波会发生干涉现象，从而相互抵消力量减弱了各自的音量。汽车排气管应用的这种设计被称为"抗性消声器"。货车多采用这样的消声器。不过，这样的消声器对高频率声波的处理效果并不理想。

事实上，还有一种"阻性消声器"，在汽车内部排气通过的管道周围，放置一些吸声材料来吸收声音的能量，从而达到消声的目的。这种消声器对中、高频声波的消声效果比较好。不过，"阻性消声器"单独作用于汽车消声较少，通常是与"抗性消声器"组合起来使用。这样，就可以对低、中、高频噪声都有很好的消声效果。

汽车的噪声主要来自汽车的排气噪声。若不加消声器，在一定速度下，汽车的噪声可达100分贝以上，若在其排气系统中加上消声器，可以使汽车排气的噪声降低20～30分贝。

## 27. 怎样用声音测距离

**我**们登山时，如果想知道自己所处的位置距离远处的山崖有多远，只要看两次手表，就可以知道了。真的就这么简单吗？你知道具体采用什么方法吗？

其实，方法很简单，就是利用回音的特性，用声音来测出两座山之间的距离。真的这么神奇，不用尺子就可以测量出距离吗？那么，又该怎样利用声音来测量距离呢？原来声音在同一种介质中是沿着直线来传播的，而当声音遇到障碍物时就会沿着原路再直线反射回来。声音发出并返回，共在声源处和障碍物之间传播了两次，声音从声源到障碍物是一次，从障碍物到声源又是一次。所以，如果我们知道了声音在这种介质中的传播速度是多少，再根据路程的计算公式——路程等于时间和速度相乘，就可以计算出声源处和障碍物之间的距离了。现在，我们知道了具体的算法，就可以来算一算自己所处的位置距离山崖有多远了。

站在原地向远方的山崖大喊一声，同时看一下手表的时间，当我们听到回音时，再看一次时间，计算出两次手表显示的时间差，因为声音的发出和返回所用的时间是一定的，所以总时间要除以2，声音在静止空气中的传播速度是340米/秒，然后再考虑风速等因素并根据路程的计算公式，就可以轻松计算出自身所处位置与远处的山崖之间的距离了。

利用这一原理，人们已经发明了很多专业的仪器来测量各式各样的距离。例如声呐，就是向海底发射超声波，当声波传到海底反射回来后，计算出时间，再依据声音在海水中的传播速度，就能测量出测试点处海洋的深度了。

## 28. 在水中如何使用声音通信

**声**音可以在水中传播，那么潜水员在水下工作时，能不能相互交流呢？是不是就像在陆地上一样，直接开口说话呢？事实上，潜水员们隔着氧气罩说话，声波传播的距离非常有限，那么，远距离的潜水员是怎样进行交流的呢？

聪明的科学家们按照电话的构想，发明了水下电话，来帮助潜水员在水下交流。由于人们讲话时所发出的声波频率太低，因而其振动所产生的能量就低，想要直接将这种信号放大进行远距离传输会有许多困难。于是科学家们就借鉴了无线电话的一些原理，先把潜水员讲话的低频信号包裹在较高频率的超声波里，发射出去，频率较高的超声波信号能在海水中传播很远的距离，接收方利用水听器获取超声波信号后，再将包裹在超声波里的低频信号过滤出来，恢复成原来的讲话声，这样通话就完成了。水下电话所使用的超声波频率一般为40～50千赫兹，其作用距离可达200～800米。这样，潜水员远距离通话就不是问题了。

在水下，我们不可能像在陆地上一样，直接把手机拿出来通话。因此，科学家们发明了喉头话筒、面具话筒或唇部话筒。它们不是将声波转化为电信号来进行传播，而是将讲话时喉头、面部或唇部的振动转化成为电信号，这样传播信号既清晰又方便。当然，这时的耳机也不同于我们通常使用的普通耳机，而要用贴耳型或骨传导型耳机，贴附在我们的耳后骨部或前额上，然后通过骨传声，来让我们听到声音。

## 29. 你知道"鱼群探测仪"吗

多少年来,人们在哪里捕鱼,在哪里撒网都是靠渔民世世代代传下来的经验。不走运的渔民,可能从早忙到晚,却网网落空,失望而归。现在科技这么发达,我们有没有什么高级的办法,保证没有"漏网之鱼"呢?

现在有一种高科技"鱼群探测仪",可以判断海洋中有多少鱼,甚至可以判断鱼的种类。这样我们就能根据鱼群分布的情况有目的地下网捕鱼,保证每一网都收获颇丰。"鱼群探测仪"简称"鱼探仪",它是一种专门用来探测水下鱼群分布情况的电子设备,通常安装在渔船上,渔民会根据它的提示进行捕捞,从而提高捕捞的产量。你一定很好奇,"鱼探仪"是怎么知道水中鱼群分布的情况呢?

原来,鱼的身体外面那层坚硬的鱼鳞以及鱼体内充满着空气的鱼鳔,都可以很好地反射传播过来的声波,而且它们对于声音信号的反射非常灵敏且强烈。渔民们在海上捕捞作业时,"鱼探仪"中的换能器会不停地向水中发射声波,同时还能接收海洋中的各种反射信号,并进行分析检测,检测结果会通过显像管显示出来,或者记录在热敏纸上。这样,渔民们就可以根据发射信号与接收到反射信号的时间间隔来测定鱼群与船的距离,并且根据接收到的返回声波的图形大小来判断鱼群的大小。有经验的渔民还可以根据鱼群活动反射信号的灰度、深度和运动规律等来综合判断鱼群的种类。所以,有了"鱼探仪",怎么还会有漏网之鱼呢?

## 30. "声呐"是什么

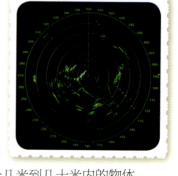

在陆地上,光线可以传播很远,我们能看到许多东西。但是,在海底,光的穿透能力却很有限,即使在最清澈的海水中,人们也只能看到十几米到几十米内的物体,没有了光线,海底那么多神奇美丽的物种,我们要怎样探索它们呢?

不用担心,我们不要忘了,虽然光线在海底不能传播,但是声波可以啊,特别是超声波,可以在海底下传播200～800米。在水中进行测量和观察,至今还没有比声波更有效的手段。根据声波的传播特性,科学家们研制出了"声呐"来探索海底世界。声呐是英文缩写"SONAR"的音译,其全称为"Sound Navigation And Ranging",翻译成中文就是声音导航与测距。它是一种利用声波在水中的传播特性,对水下的目标进行探测、定位和通信的电子设备。在水声学中它是最重要、也是应用最广泛的一种装置。

声呐的工作原理是:先用换能器发射出声波,声波在传播过程中遇到物体后又会被反射回来,声呐的接收设备在接收到这些信息后经过数据处理,通过不同物体反射声波信号的强度和频谱信息不一样的特性,与数据库里面庞大的数据信息进行比对,就能判断出声波遇到的物体是什么,甚至能辨别出其航向、速度之类。除了这种主动发射声波的主动式声呐,还有一种被动式声呐。被动式的声呐,不发射声波,它通过侦听目标的声辐射来确定目标的距离和方位。

声呐技术广泛应用于鱼群的探测、船舶的导航、水下作业、水文的测量以及鱼雷的制导、水雷的引信等方面,还可以用在辅助海洋中的石油勘探作业和海底地质地貌的勘测作业等方面。自然界的"夜行侠"蝙蝠,生活在海洋里的鲸类、海狮、海豹和海豚,中国的珍稀物种——生活在长江中的白鳍豚,它们都能发出自然的声呐,而且它们的声呐性能是人类声呐所不能企及的。

## 31. 为什么同一个地方会测出不同的海深

常年在海上进行测量工作的人都知道，有时候人们在使用回声测深仪测量海洋深度时，用一种测深仪测出的是一种深度，而用另一种测深仪测出的又是另外一种深度。为什么同一个地方会有两种不同的深度呢？是仪器出了问题，还是操作方法有问题呢？

经过反复研究，人们终于发现仪器和使用方法都没有问题，问题就出在海底。有些海底比较坚硬，不论用怎样的测深仪，测出的深度都是一样的。而有些海底，在坚硬的底层上面还有一层松软的淤泥。这层淤泥对不同频率的声波的反射能力也不同。具体地来说，它对高频声波的反射能力比较强，而对低频声波的反射能力则很弱。如果测深仪向下发射高频声波，大部分声波就会被这层松软的淤泥反射回来，剩余的一小部分声波则被淤泥所吸收，这时测深仪所接收到的声波就是淤泥层所反射回来的那部分声波。显然，这时测得的海深就是从海面到淤泥表面的距离。反过来，如果测深仪向下发射低频声波，声波中只有极少部分会被淤泥表面反射回来，绝大部分声波则会穿过淤泥层，遇到坚硬海底后再反射回来，这时测得的海深就是从海面到硬质海底的距离。

为了克服这一问题，科学家们研制出一种双频测深仪，它能同时发射高低两种不同频率的声波，经过反射后，接收信号并进行处理，这样就能同时测出两种不同的海深，两个不同海深间的差距就是淤泥层的厚度了。

## 32. 听诊器运用了什么原理

在医院里，我们经常会看到医生将听诊器挂在身上，在给病人检查时，医生会将听诊器像耳机一样的那端戴在耳朵上，而另一端则放置在病人的胸口，听病人的心跳声是否正常、有规律。那么病人的心跳声是怎样传到医生的耳朵里呢？为什么医生不能直接听到病人的心跳声，而要通过听诊器呢？

原来，听诊器的前端部分是膜腔，人体内心跳产生的声波会振动膜腔，接着声波会在听诊器的管道里进行传播，并带动听诊器内的密闭气体振动。通过管道时，由于腔道既细又窄，气体的振动幅度就要比前端大很多，这样心跳声就被放大了。声音在通过空气或其他物质传播时，最终都会转化为热能直至消失；但声音在重金属中传播，能量却几乎没有衰减。因而，高等级的听诊器一般会使用不锈钢甚至钛等重金属，这样就可以保证声音在传播时，不会衰减，使听者能够听到更清楚的心跳声音。

声音可以在固体中传播，听诊器就是利用了这个原理，那我们为什么听不到自己的心跳声呢？人耳所能感受到的声音是在一定频率范围以内的，而我们身体内的心跳声以及血液流动的声音频率太低了，而心脏距离耳朵又太远，声波在传播时就发生了衰减和吸收，所以我们听不到自己的心跳声。而听诊器通过固体传声，减少了声波的损失，所以可以听到心跳声。

## 33. 贝多芬是怎样"听"到音乐的

你有没有听过贝多芬的《命运交响曲》呢？那音乐的力量如洪流般，以排山倒海之势带给我们强烈的听觉冲击和震撼。乐曲开始时，那富有动感的四个音，更是象征着"命运"的钟声已向我们敲响，但是，人类从不会屈服于黑暗势力，人类必然战胜黑暗。这一乐章就是贝多芬当时和命运、和人生对抗的真实写照，他用音乐表达了他要扼住命运咽喉的决心。

贝多芬在创作这首他人生最辉煌的曲子时，已经写下了遗书，因为这时的他已经耳聋，而且已完全失去了治愈的希望，这对一个热爱音乐如同生命的音乐家来说无疑是致命的打击。但是，贝多芬并没有因此而选择放弃，在这一生中最痛苦的时刻，他以顽强的意志扣响了创作殿堂之门。他的很多不朽作品都是在这一时期完成的。然而，耳聋的他，是怎样创作出这些音乐的？又是如何去倾听并进行修改的呢？

当时已完全耳聋的贝多芬，就用嘴巴叼着一根木棍，使木棍的另一头放在钢琴上，当钢琴振动时，紧靠在钢琴上的木棍也随之振动，振动随着木棍敲击牙齿，通过骨传声，他最终"听"到了音乐的声音。贝多芬就是靠着骨传声这种方式，让音乐声传入大脑，创作出了这些绝世佳作的。他不仅仅给我们留下了丰富的音乐宝藏，还用不屈的对抗告诉我们；当我们遇到挫折时，要敢于扼住命运的咽喉，开拓出属于自己的道路！

## 34. 超音速飞机为什么会发出打雷一样的声音

走在路上，总是可以听到飞机轰鸣而过，隆隆的轰鸣声总是让我们第一时间知道，飞机在我们的上空飞驰而过。但是，你知道吗？现在的超音速飞机，在天空中飞行时，会发出像打雷一样的声音，比普通飞机的轰鸣声要大出许多倍，这是为什么呢？

其实，超音速飞机飞行时，发出的那种似雷鸣般的巨大轰鸣声，我们把它称为"音爆"。普通飞机飞行时，机翼划过，搅动空气向前运动，这样，飞机前边的空气也会均匀地流动，飞机飞到前边时就会受到较小的阻力，使空气振动产生轰鸣声。而超音速飞机，飞得实在是太快了，空气的搅动传递速度没有它的飞行速度快，所以飞机向前飞时前边的空气还是静止的，飞机就像把空气墙撞破一个洞一样，发出巨大的声音，传到地面上形成如同雷鸣般的爆炸声。而在突破那堵"压力墙"后，飞机尾部的气压降低而引起温度骤然降低，周围空气中的水分会迅速凝结成微小的水珠，看上去就像围绕在飞机尾部的云朵，这就是神奇的"音爆云"现象。

那么，我们在飞行的超音速飞机上可以听到"音爆"吗？事实上，我们在地面上听到的超音速飞机产生的噪声主要是飞机撞破"空气墙"后，在飞机的尾部空气中产生的"音爆"，而超音速飞机飞行速度超过了声音在空气中传播的速度，"音爆"会被超音速飞机抛在后面，飞机上的人是听不到的。

## 35. 电话里的声音是如何传播的

生于1847年的亚历山大·格雷厄姆·贝尔原是苏格兰人，但他在24岁时就移居美国，加入了美国籍。在美国两年后，他凭借着超高的天赋成为波士顿大学语言生理学的教授。贝尔的朋友都觉得如果他研究电报术，一定会有不小的成就，但他却不为所动。他心里早就有了一个更伟大的梦想：他想把声音直接传递出去，而不用再转化为文字。

那是1875年6月2日，贝尔和他的助手华生分别在两个房间里试验多功能电报机，就在这时发生了一件事情，深深地触动了贝尔：华生房间里的电报机上有一个弹簧粘到磁铁上了，华生触动弹簧时，弹簧振动发出了声音，此时，贝尔惊奇地发现自己房间里电报机上的弹簧也振动起来，发出声音，是电流把振动的波传递到另一个房间引起了弹簧的振动。灵感砸向了贝尔，他由此想到：如果对着一块铁片说话，铁片就会发生振动；如果在铁片后面放上一块电磁铁，铁片的振动就会在电磁铁线圈中产生时大时小的电流。这个波动电流沿电线传向远处，远处的同样装置上不就可以发生同样的振动，发出同样的声音吗？这样声音就沿电线传到远方去了。这不就是梦寐以求的电话吗！

贝尔和华生立刻开始实验，终于，在一次实验中，一滴硫酸溅到贝尔的腿上，疼得他直叫喊："华生先生，我需要你，请到我这里来！"这句话由电话机经电线传到华生的耳朵里，成为电话史上的第一句话，电话成功了！1876年3月7日，贝尔成为电话发明的专利人。

## 36. 麦克风是如何把声音传给我们的

很多人都喜欢听音乐，也喜欢唱歌。我们在KTV唱歌的时候，在听演唱会的时候，都会有一样东西陪伴着我们，那就是麦克风。有了它，我们就可以使自己的歌声让更多人听到；有了它，就可以在演唱会上听到距离遥远的歌声。那么，麦克风是如何把声音完整地向外扩散的呢？

麦克风内部构成主要是一个线圈和一个被线圈包围的磁芯。声音的振动传到麦克风的表面振膜上，促使振膜振动，推动里边的磁芯移动就形成了变化的电流，这就是物理上著名的"磁生电"现象。声音不同，振膜振动的频率也就不同，这样，就会推动麦克风里的磁芯产生不同的位移，"磁生电"所产生的电流也就完全反映了声音的变化，其变化规律完全由声音决定。这样变化的电流再送到后面的声音处理电路进行放大处理，我们就听到了扩大的声音。

这个过程就像是由金属隔膜下连接一支笔一样，我们再在这支笔下边放置一张白纸。当你朝着隔膜讲话时，声音的振动使隔膜运动，带动着笔的运动，声音的频率大小不一样，就会使笔在纸上留下不同的痕迹，这就是声音在麦克风里传播的过程。之后，电流在被扩大传输出来时，你使笔沿着纸上的痕迹反向运动，笔产生的振动又会使隔膜运动，声音就会重现。这就是我们通过麦克风所听到的声音。

## 37. 你知道声音可以使液体发光吗

电可以让灯泡发光，蜡烛也能为我们提供光明，星星更可以在黑暗中闪闪发亮，很多东西都会发光。但是，我告诉你，声音也可以使液体发出光亮，你相信吗？

其实，当强大的声波作用于液体的时候，液体中会产生一种"声空化"现象——液体剧烈振动会产生大量气泡，气泡内又含有热等离子体，声波作用于这些气泡，这些热等离子体就会高速振荡，产生高温。随即气泡破灭坍塌，体积瞬间减小。这时气泡内的温度可以超过10万摄氏度，破灭过程中会发出瞬间的光亮。这就是被称为"声致发光"的现象。所以，当强大的声波作用于液体时，会使液体一瞬间发出闪光，这下，你相信了吧。

不过，实验对声音的各方面要求极高。到目前为止，"声致发光"现象还难以解释清楚，只不过是发现了这种现象而已。所以想要让液体发出光亮，只能依赖于对实验的声音进行不断的调试，一个微小的变化也会影响到实验结果，所以实验的成功率极低。我们也就不要想象着在家里试一试让声音使液体发光了，只要知道这个现象就可以了，等到长大后，可以到实验室里对此进行研究，也许这个效应会由未来的你来为我们答疑解惑！

"嘿，你听，这是什么声音？""哎，我告诉你件事。"这些我们常用的句子，随时随地都有可能从我们的嘴巴里出去，或者进入我们的耳朵。"听与说"这些看起来非常简单的事情，时时刻刻发生在我们周围，但是我们仔细地想一想，也许会发现这些看似简单的事情，其中却蕴涵了一系列器官的配合，但是，这些奥秘到底是什么呢？我们能否掌握这些知识？这些知识是否可以帮助我们探索声音世界的本质？如果我们能够多问一些为什么，那么这个世界将清晰地呈现在我们眼前。现在，让我们一起去探索这些"为什么"吧！

# 第三章 人类接收和发出声音的秘密

## 38.为什么人类可以听到声音

在我们这个充满着绚丽色彩的世界中,有着各种各样美妙的声音,如:叮咚作响的流水声、高山流水的乐器声、滴滴答答的水滴声、清澈委婉的歌曲声等。然而生活中也有那些讨人厌的声音,像嘀嘀的汽车声、轰隆隆的飞机声、嘟嘟作响的轮船声等。无论声音优美还是令人厌烦,它们组合起来构成了我们的世界。那么,让世界丰富起来的声音,是怎样被我们听到的呢?

耳朵是我们接受声音的主要器官,看起来很简单的耳朵,内里的结构是很复杂的。显露在外面的脑袋两侧的大门即是耳廓,声音从"大门"进入,触动鼓膜。鼓膜是一片紧绷的小皮,声波会使它振动。鼓膜又与一个被称作锤骨的小骨头连接,振动通过鼓膜传递给锤骨,锤骨再传给另外的两块小骨——砧骨和镫骨,然后进入耳蜗。耳蜗是盘旋的管道,充满液体,因为形似蜗牛,才被称为"耳蜗"。耳蜗是耳朵里非常重要的器官,管道内还有一行行纤毛,是感受声音的小探头,而它通常只有在显微镜下才能看得见。声音传递到了耳蜗,里面的液体也产生了波动,液体的波动推动耳蜗里的纤毛敏锐地探听到声音,从而迅速地产生神经信号,像情报一般通过类似于电话线的结构——人体内的神经传递给大脑。

声音通过这一系列的过程,才从外界传递给大脑并被我们感知到。仔细研究声音通过耳朵的每一部分构造,我们会惊奇地发现:原来我们的耳朵是如此精密的产品啊!耳朵里的每一部分都是如此的完美无瑕,所以,以后我们可要好好地保护我们的耳朵呀。

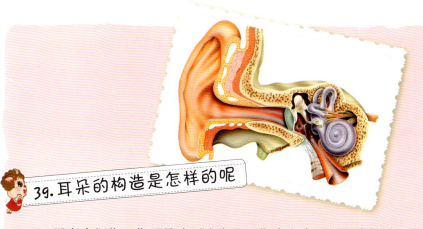

## 39. 耳朵的构造是怎样的呢

如果有人问你：你用什么听声音呢？你肯定会不假思索地告诉他：当然是用耳朵听啊。所有人都知道，声音是通过耳朵才被我们听到的。那么，对这个长在人的脑袋两侧、每时每刻都离不开的耳朵，你了解多少呢？

长在脑袋两侧、被我们叫作"耳朵"的器官，其实只是耳朵整个结构里的一部分，它准确的名字叫作"耳廓"。事实上，整个耳朵由外耳、中耳和内耳三部分构成，而耳廓属于外耳的一部分。耳朵可是一个异常精密的结构，它像一个分工明确的情报部。外耳的耳廓对外收集情报，由外耳道向内传递给中耳。中耳里又有着鼓室和通往咽喉的咽鼓管，而这个鼓室就是情报传递中必经的一个小房间，这个房间的外壁是鼓膜，声音传到鼓膜处，使鼓膜也发生震动，鼓室里的三块小骨头也就接收到了声音，继续向前传递，接着就到了内耳。内耳更加神秘，道路更加蜿蜒，所以我们又把经过内耳的管道称为"迷路"。内耳里又有着三个机构：耳蜗、半规管和前庭，它们分管不同的工作。当声音传递到内耳时，耳蜗就会接收到信号，进行分析后传递给大脑，声音就这样大概走完了耳朵的整个结构。

那么，声音没有走过的半规管和前庭是干什么用的呢？其实，它们两个分管的是我们的平衡感，当我们左右晃动脑袋时，半规管就发挥作用，让我们有头部转动的感觉；而使我们站立和倒立时，头部感觉有不同的静的平衡感，就是前庭的作用效果了。由此可见，耳朵不只是用来听声音了！

## 40. 为什么我们有两只耳朵

如果有人问我们这个问题："为什么我们有两只耳朵？"我们一定会笑，人天生就长两只耳朵啊，哪有什么为什么啊？其实，任何事情的产生都是有它一定道理的。我们长了两只耳朵，而不是一只或者三只，都是有道理的。

我们观察一下自己的身体，我们有两只眼睛、一个鼻子、一张嘴巴，两条胳膊和两条腿。有没有发现什么规律呢？我们注意观察，所有长在身体两侧的器官都是两个，长在中间的器官都是一个，这是一种平衡的美感，当我们的身体长得平衡协调时，我们看着才觉得顺眼，我们身体上的每一个器官其实长得都是符合美学的，身体本身就是一种艺术。

我们长两只耳朵不仅仅是为了符合我们的审美观。物竞天择，适者生存，这不仅仅适合物种的发展，也同样适用于"耳朵"。科学家发现，其实我们的耳朵最开始只是一个会呼吸的管子，之所以现在进化成了两只耳朵，这就说明了人类的两只耳朵是被需要的，或者说仅仅一只耳朵是不能满足我们的需要的。那么，我们为什么必须要有两只耳朵才能更好地生存呢？对此科学家又做了许多实验，最终他们发现，两只耳朵比一只耳朵听得更清楚，而且两只耳朵分别听到不同方向传来的声音，可以辨别出声源处，有立体感，提高我们的敏锐度。而如果我们多长几只耳朵，那些多出来的耳朵却没有什么用处，所以，我们仅仅有两只耳朵。

## 41. 为什么剧场里的音乐效果好

很多人都会选择去音乐厅听现场版的演奏会，感受音乐合奏的美妙，因为我们在家用很高级的音响所听到的音乐都不如现场来得震撼，这是为什么呢？

一方面在现场，我们的双耳能相对完整、准确接收乐音，而在家播放CD时，CD的录音不可避免地会损失掉一部分频率，而音乐上细微的不同，都会使人在感觉上产生极大的不同。而另一方面，每一个音乐厅的建设都是非常考究的，它不仅仅是建筑艺术的考究，还是艺术与物理的完美结合，避免了许多音乐的干扰因素出现。

我们在音乐厅观察一下，就可以发现：音乐厅的墙面并不是我们家里用的石灰墙，而是用特殊的材料制成的，这些材料可以使声音发声折射，就像光在进入水中一样发生偏折，声音在遇到这些墙壁后，也会发生偏折，减少直接反射，防止音乐回声与音乐造成混响，使音乐杂乱无章。而且这些墙体的表面都是凹凸不平的，当声音传播到这些凹凸面的边缘时，会发生衍射，波长变大，声音就会放大，这样即使我们坐在后排也可以清晰地听到演奏。如果我们抬头向上看，还会发现演奏区上方会有一些吊板，这样音乐厅在演奏不同的音乐时，就可以根据音乐的不同来调节不同乐器上方的反射板角度，加强舞台上指定区域乐器的反射，达到更好的视听效果；而且反射板能够加强舞台顶部对舞台音乐的反射，使音乐表演者能够更好地听到彼此的乐声，增加协调性。

所以正是这些考究的设计和现场完整的乐音，才让我们感受到音乐无比震撼的效果！

## 42. 人耳的"掩蔽效应"是什么

顾名思义,"掩蔽",就是一个东西遮着了另一个东西,我们就看不到被遮挡的东西了。但是,声音我们又不能看到,人耳的"掩蔽效应"又是怎样的呢?

所谓人耳的"掩蔽效应",其实是和物体的掩盖一样,只不过它是声音被掩盖了,它是指一个较弱的声音被一个较强的声音遮住了,较弱的声音就不易被我们察觉到。其实,"掩蔽效应"在我们的生活中很常见,比如我们在马路上说话的声音总是被街道上巨大的嘈杂声掩蔽掉,我们很难和隔了一条马路的朋友交流。还有,当我们在放着音乐的超市里购物时,就很难听到包里手机的铃声,这是由于音乐将手机的铃声掩蔽了。

不过,利用人耳的"掩蔽效应",我们也可以躲避噪声的干扰。发明家发明了耳机,当我们将耳机戴在耳朵上时,耳机里传来的美妙音乐就可以掩蔽掉周围嘈杂的噪声,这样,我们在较为嘈杂的环境中也能踏实欣赏音乐了。这样小小的一个改变,人耳的"掩蔽效应"就被我们更好地利用了,帮助我们专一地听取声音。

而且,在生活中,如果我们不想听到一个人的说话声,就可以把电视机的声音开大,来掩蔽别人的说话声,这都是利用了人耳的"掩蔽效应"。

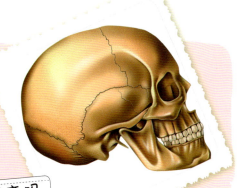

## 43. 你知道颅骨也能传递声音吗

们都知道大音乐家贝多芬在耳聋后，依然创作出了许多宏伟乐章。耳朵听不到的他是怎样创作音乐的呢？难道完全是通过脑海中想象？当然不是，他是通过牙齿咬着木棍，用木棍接触钢琴的振动，再通过颅骨，把声音传递给大脑的。声音既通过了牙齿，又通过了颅骨，到底是哪个可以传递声音呢？

虽然，贝多芬是咬着木棍听到音乐的，但是牙齿只是起到了把振动传递给颅骨的作用。声音传入大脑具有两种途径，并不是所有的声音都是通过空气传播给耳朵，声音也可以通过颅骨传递给大脑。我们可以试一试，用录音笔录一小段自己的声音，播放出来听一听，会发现，这与平常你说话的声音并不一样。这是因为我们在录音的时候，声音从嘴里出来，通过空气传播到录音笔里，被记录下来。但是我们在说话时候，自己听到的声音却是通过颅骨传播的，所以两个声音有细微的不同。

声音有两种传播方式：一种是音源—空气—人耳—大脑，另一种是音源—人体颅骨—大脑。所以，声音通过颅骨传导入人脑的现象，就是所谓的颅骨效应。在一般情况下，我们都听不到机械表的钟摆声，因为这么细小的声音在空气里传播时被慢慢地消耗掉了。但是，如果用嘴咬着它，钟摆声就会直接通过颅骨向大脑传递，损耗几乎为零，这时，我们就可以清晰地听到钟摆声了。

## 44. 耳朵可以自主选择自己想要听的声音吗

在游乐场，在集市里，声音总是很嘈杂，我们在交流时，往往觉得很困难，我们不禁会期待，要是我可以自主地选择自己想听的声音该有多好。事实上，耳朵真的可以有选择地聆听声音，这是人耳的又一大特殊效应——"鸡尾酒会效应"，只不过当一种声音的音量远远大过我们交流的声音时，这种特性就会被人耳的"掩蔽效应"所掩盖。

所谓的"鸡尾酒会效应"，就是指我们的耳朵可以自主地选择我们所想要的声音去聆听的功能。当我们在游乐场嬉戏的时候，总是会有音乐或者机器的轰鸣声打扰我们和小伙伴说话。但是，即使是周围有这么多凌乱的声音干扰着我们，我们还是可以清楚地听到小伙伴对自己说的话，这就是人耳的"鸡尾酒会效应"。无论我们周围多么嘈杂，有多少种声源在发声，我们依然可以选择你需要的声音来听，忽略周围其他干扰的声音。

这样看来，我们的耳朵可是智能的呢，机器可没有这种能力。就像我们拿出一个录音笔在酒会上录一段声音，播放时我们会发现：我们录的声音也是杂乱无章、毫无头绪的，不可能使我们想听到的声音在里面清晰地突出来，而我们的耳朵却可以。人耳的"鸡尾酒会效应"让人们在游乐场、商场这样嘈杂的环境下也能顺利地交流，选择自己想要聆听的声音，而不去理会嘈杂的环境。这是不是很神奇呢？耳朵拥有这么多神奇的效应，我们可要好好地发现并使用这些法宝！

## 45. 为什么耳朵进水后听不清声音

**在** 洗澡时，如果耳朵里进了水，我们就会听不清楚声音，感觉耳朵外好像罩上了一个东西一样，把声音阻挡在外面了，所以，我们在洗澡时总是尽量避免耳朵进水。还有，我们在游泳时，也会带上耳塞防止耳朵进水。我们本能地知道不要让耳朵内进入水分。但是，为什么耳朵进水后我们就听不清声音，感到非常难受呢？

声音在空气中传播，进入耳朵后，通过外耳道触动鼓膜振动，鼓膜再向内传递，最终变成一种信号由大脑识别后就是我们听到的声音。但是，如果耳朵进了水，就会挡住声波的去路，不能再向里面传播。当声波碰到这些障碍物后，其中的一部分被反射出来，进入耳朵继续传播的能量就会减少，声音也就随之减小了。就像我们在耳朵上塞一团棉花一样，声音在外耳道处碰到棉花，声音就被棉花吸收了一部分，只剩下很少的能量继续向前传播，声音自然而然就小了，也就听不清了。

那如果耳朵里真的进了水，我们应该怎样做呢？其实，耳朵里进了水，我们可以侧过脑袋，使进水的耳朵朝下，同时提起对侧的脚，跳几跳，水就会流出来，或者用棉签小心地伸进外耳道轻轻转动把水吸出来，千万不要使劲掏耳朵。

## 46. 睡着的时候还能听到声音吗

首先我们要明确一点，人体的耳朵只是声音的接收器官，在我们的内耳中，有一个叫作科蒂氏器官的螺旋状器官含有听觉感受器，可以接收声音。白天人意识清醒的时候，耳朵内的科蒂氏器会自动接收声音，然后将声音传输给大脑，大脑是声音的处理器，声音经过大脑的处理后，我们才能作出相应的反应。也就是说，无论人们是不是在睡觉，我们都能够听到声音，当然这里的"听到"仅仅指的是被科蒂氏器官所接收。至于在睡着的时候声音到底会不会被大脑处理，我们会不会作出一些反应，这就要看我们睡着的时候大脑的工作状态了。

值得欣慰的是，人类的大脑像一名勤劳肯干的工人，人的大脑无时无刻不在工作，即使是我们在睡着的时候。当然，在我们睡着的时候，大脑的工作模式是和我们清醒时有所不同的，如果这个外界的声音分贝很小或者它不能引起大脑的兴趣，我们的大脑很可能就把这种声音转换到梦境中去处理了。如果此时我们正好没有做梦，那么这个声音就有可能被忽略过去。如果这个声音分贝很大，或者是非常刺激大脑的语句，比如说"着火了"，此时大脑本能的处理危急信息的机制就会催促你醒来。

当然，到目前为止，人类的潜意识领域还是一个非常神秘的领域，因此它到底对什么样的声音有感觉，还不能下一个定论，还有待研究。

## 47. 成人与孩子的听力有什么不同

从我们记事起,我们就可以听到世界的各种声音,那么婴儿从一出生就能听到声音吗?他听到的声音和成人听到的是一样的吗?

研究表明:婴儿从出生开始就能够感知到外面世界的声音,但是新生儿的耳朵并不是一出生就已经发育完全了,他们耳朵的鼓室里没有空气,所以听力非常低下,只是能够感觉到有声音而已。正是这样,新生儿从出生的那一刻起就能感受到妈妈的声音,让他们感到安全。不过,婴儿的耳朵结构是随着成长时间在慢慢发育完全的,听力也会慢慢变强。当出生3~7天后,婴儿听觉就会变得相对比较敏锐,但是他的听力还是会比成年人低很多。到了3个月,婴儿的听力会越来越好,不过比起爸爸妈妈的听力,他还是要低15~30分贝。这时,他们还听不见大人们的窃窃私语。到了两周岁时,基本上就接近大人的听力水平了。到七八岁时,孩子的整个听觉机构就发育完全了。

不过神奇的是,虽然婴儿的听力很弱,只能听到中等分贝的声音,但是婴儿可以分辨错误的音符。让婴儿长时间聆听成组或者一整首完整的曲子之后,我们忽然播放一个音符,不再让音乐成组出现,此时,我们可以明显看到婴儿吃惊的表情,好像在说:怎么会这样,不应该是连续的吗?神奇吧!其实每一个婴儿都长了一双音乐家的耳朵。

## 48. 人类与动物的听觉有什么不同

婴儿与成人的听力是不同的，那么人类和动物的听觉是不是也不相同呢？在地震或者洪水等灾害来临时，动物总是比我们先知道，能够有效地躲避这些灾害，是不是动物可以听到一些我们听不到的声音呢？

的确，动物的听觉和人类是不一样的。从最不同的开始说起，人类可以听到的声音范围在 20～20000 赫兹，在这个范围之外的声音我们都是听不到的，而动物不一样，大象就可以听到小于 20 赫兹的次声波，还有蝙蝠可以听到超过 20000 赫兹的超声波，一些大型的动物鹿、狼、虎等也可以听到非常细微的动静，这就证明了动物的世界可要比我们热闹许多，它们能听到许多我们听不到的声音。我们又知道，当地震要来临时，会发出次声波，所以动物在地震来临前总是会有不同寻常的表现，它们"听到"地震要来了，该逃跑了。

说到这里，我们又会有一个问题：有些动物好像没有耳朵啊，它们有听觉吗？其实很多动物不是没有耳朵，而是耳朵长得比较奇特，它们同样具有惊人的听力。我们去钓鱼时，一有动静鱼就被吓跑了，说明鱼是有听觉的，但是你注意过鱼的耳朵吗？你当然看不到，因为鱼的耳朵长在头骨内，它没有中耳和外耳，只有内耳，只有打开头骨我们才能看到。所以虽然我们看不到，但是许多动物是有耳朵的，它们也有听觉。

## 49. 什么是听力障碍

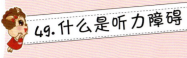

**这**个世界上并不是所有的人都可以听到声音，很多人的世界是无声的，我们无法直接用语言和他们交流，他们也感受不到音乐以及声音的美妙之处，他们就是具有听力障碍的人。

"听力障碍"通常被称为耳聋。正常情况下，外界声音经外耳、中耳、内耳传播被听觉细胞感应到，再由听觉神经传入大脑，但是只要上述过程中任何一个部位生病了，器官发生了病变就会引起听力障碍。听力障碍分为两种：传导性耳聋和感音性耳聋。传导性耳聋是指外耳和中耳生病不能工作了，导致声音不能向内耳传播，而内耳是没有问题的。感音性耳聋是指声音可以向内传播，但是感受声音的器官或者是听觉神经出现了问题，即使声音正常地向内传播了，也感受不到，所以也就听不到声音了。

听觉是我们人体最重要的感觉之一，拥有正常听觉的我们可能忽视掉听觉给我们带来的便利，有时甚至会觉得周围的世界很吵，想着要是听不见会有多好呀。事实上，听不到外界声音的人生活是非常不方便的，想一想：如果你的世界缺少了声音，一些简单的事情怕也很难完成吧！而这个世界上还有十分之一的人饱受听力障碍之苦，他们连敲门声都听不到，生活非常不便。所以我们要好好保护我们的耳朵，不能让它后天失聪。

## 50. 我们怎样发出声音

声音是通过耳朵被我们听到的，那么你知道我们是怎样发出声音的吗？这还不简单，肯定是嘴巴啊！但是，我们仅仅依靠嘴巴就能发出声音吗？

发声是一个很复杂的过程，它并不和听觉一样，仅仅依靠耳朵收集声音传递给大脑，大脑识别信号就可以了。发声是一个比听声要复杂得多的过程。首先，我们要利用呼吸器官，也就是我们的肺和气管，使肺部呼出气流，通过气管，将这股"气"传递到喉咙。此时，第二步开始了，气体从气管向上传播，冲击位于喉部的声带，也就是我们的发声体，这样声带就发生了振动，产生声音。但是，仅仅发出声音，并不能被别人听到，我们还要让声音在你的口腔或者鼻腔里发生"共鸣"，也就是声音在你的口腔和鼻腔内散步一圈，再走出来，我们就听到了说话声。所以完整的发声过程是经过了三个步骤的：呼吸器官产生动力，振动声带发声，在口腔和鼻腔内产生共鸣。

我们可能会问：声带是不是喉咙呢？其实，声带和喉咙不同，声带就长在喉咙的中间，是喉腔的一部分，是两片富有弹性的薄膜。它就像橡皮筋一样，拉得越紧，反弹的声音越大。还有，我们每个人说话的声音不同，就是因为口腔和鼻腔的形状不同，声音在经过这些"共鸣腔"后，就会形成不同的声音，所以我们伸舌头或者舌尖卷翘产生的声音都不同，你可以试一试哟！

## 51. 什么是小舌

当我们感冒时，医生通常会让我们张开嘴巴大声"啊"一声，观察喉咙处是否发炎来诊断病情。但是，你有没有自己观察过喉咙里的构造呢？也许，我们也可以给别人看看病情呢！

如果你仔细观察过喉咙的构造，就会发现，在嘴巴的深处，也就是在鼻子和嘴巴相通的地方，长了一个随着发声颤动的小舌头。其实，它的学名叫做"悬雍垂"，也就是我们通常所说的"小舌"，它和其他组织一起组成了我们的声道。不过，小舌可不是我们说话用的舌头哟！它在发音上好似没有什么确切的作用，但是我们可不要小看了它。医生让我们张开嘴巴，就是在检查我们的小舌头，看看它是不是红肿了、发炎了，以便帮助医生诊断我们的咽喉有没有炎症。所以，别看它长得小，它可是我们嗓子的温度表，精确地反映着我们喉咙的状况。

而且，小舌还不止有这一个作用。当食物、汤水在嘴里碰到小舌的时候，小舌就会自觉地提起来，发生"哽喉反射"，堵住食道上面的呼吸道，这样，食物就不会钻到鼻子里，防止了窒息的发生。不过，也会有特殊情况，并不是每一个人的小舌都是一样的，有些人天生就没有小舌，而有些人的小舌是分叉的，不过这些都是极少数的。

## 52. 身形影响声音的高度吗

**你** 在观赏歌唱家表演的时候有没有发现，高音歌唱家的身形都比较肥胖高大，这只是巧合呢？还是我们的身形真的能够影响声音的高度？

事实上，我们的身体在一定程度上是和声音的高度有关系的，但身形并不能直接影响声音的高度。并不是所有的胖子都能唱高音，所有长得瘦的人都唱不上去，这两者之间没有必然联系，它们是通过身体的某个器官发生联系的，这个器官就是我们产生声音动力的源泉——肺部。同学们每年体育测试都会测量肺活量，然后把肺活量和体重根据一定的公式计算过后，得出一定的结论，检验同学们的身体是否合格。肺活量和体重是有一定关系的，一般体重较大的人，肺活量相对高一些。而学习过唱歌的人都知道，唱高音并不是用嗓子喊出来的，而是需要我们的肺部产生更大的气流，振动声带发出更高的声音，而肺活量较高的人就容易产生更大的气流。所以一般肺活量好的人就容易唱出高音，而胖子的肺活量通常高于瘦一点的人，所以，高音歌唱家大多是胖子。

不过，并不仅仅是肺活量的原因使得胖子更容易唱出好听的声音。比较胖的人一般骨骼也会比较大，口腔和鼻腔会比较大，下颌骨也较宽，颧骨较高，共鸣腔体也较好，所以发出的声音会比较好听。

## 53. 好听的声音是不是有发声技巧

为什么我们会喜欢那些优秀的电视节目主持人呢？原因之一就是他们吐字准确清晰，拥有动听悦耳的声音，让人不自觉地就被吸引过去。那么，这些主持人都是天生就有一副好嗓子吗？答案是不一定的，他们并不一定天生就有一副好嗓子，而是经过长时间的练习提高了自己的音质和音色。

其实，每个人通过对声音的训练，掌握一些发声的技巧，都可以拥有一副好嗓子。那么，我们应该怎样训练我们的嗓子呢？第一步就是要学会呼吸。我们肯定会想，谁不会呼吸啊，若不会呼吸，岂不早就死了。事实上，这里所说的呼吸和我们平时的呼吸是不一样的：首先我们要把空气吸到肺底，使肚子鼓起来，然后展开自己的两肋，站稳后，缓缓地、平稳地呼出气体，使肚子完全地瘪下去。同时我们要注意换气，坚持每天早起进行练习。第二步，进行共鸣训练。人的口腔、胸腔等发音器官就像一个音箱，善于改变自己的口腔形状以及搭配胸腔发音，就会使声音变得更富有个性和魅力。所以一定要学会让声音通过胸腔共鸣产生，而不是堵在嗓子眼里被憋出来。我们可以张大嘴巴说话，体会发音时自己胸腔、口腔共鸣的感觉。

不管你原来的嗓音是什么样的，通过这些专业的训练，都可以使你的声音变得更好听。

## 54. 为什么人会打嗝

几乎每一个人都有过打嗝的经历，不仅大人打嗝，小孩打嗝，甚至在妈妈腹内的胎儿也会打嗝。更有趣的是，小狗小猫也会打嗝。那么，到底什么是打嗝呢？打嗝，医学上把它称为"呃逆"，当我们饱餐、吃饭过快、吃进干硬食物或者受到寒冷刺激后，都可能会引起短暂性的神经痉挛，进而收缩，这就是打嗝。这不能算病，所以也不需要看医生，这是每个人都会出现的状况。

打嗝，冷了会出现，吃东西过快也会出现，那么，为什么我们会打嗝呢？原来啊，在我们的胸部和腹部之间，有一层厚厚的像帽子似的肌肉膜，它将胸腔和腹腔分隔开，被我们称为膈肌。膈肌和身体其他器官一样，拥有神经分布和血液供应，而且它对于刺激相当敏感，所以，当我们的身体忽然受到寒冷或者食物的刺激，大脑就会向膈肌发出指令，让膈肌出现收缩现象，膈肌一收一缩，我们就开始打嗝了。

一般说来，打嗝可以自行消失，但是，有时候会持续很长时间，这很令人困扰啊。不过我们可以使用几个办法消除打嗝。搓一个细小的软纸条，伸入鼻孔轻轻转，刺激鼻黏膜，打个喷嚏，可使打嗝停下来。或者闻一下胡椒粉，也可以达到同样的效果。你也可以深吸一口气，憋气片刻，再用力呼出，可能就不会打嗝了；或者喝热水缓解。

## 55. 变声是怎么发生的

**孩**子小时候软软的童音多好听啊，让人心里暖暖的。慢慢地，我们长大了，倾听着周围的声音，我们发现爸爸的声音和小男孩的声音差距那么大，爸爸的声音好低沉啊！听着就让人觉得好有安全感，难道爸爸小时候就是这种声音？

小男孩终究要长成男子汉的，声音可不能一直那么稚嫩啊，多影响男子汉的英武气质啊！所以呢，男孩子一般在14岁左右就开始变声，声音由软软的稚嫩童音变得有磁性，音调也变得低沉。过了17岁，整个变声期之后，声音开始清亮有威严。那女孩子的声音为什么没有变化呢？难道女孩子没有变声期吗？其实，女孩子也是要变声的，只不过声音变化不太明显。

事实上，每个人在成长阶段都会变声的，而变声主要是声带的变化。是声带摩擦才发出了声音，到了青春期，女孩的喉部就会变得狭小，这时声带就会变得较短较薄，振动频率高，所以音调也就变得高而细；但是男孩子恰好相反，他们的喉腔会变大，声带变宽变厚，所以音调变得低而粗。不过，你要注意了，这时的声带可是异常娇贵，你一不注意它就会出现充血、水肿的状况，可能会使你今后的声音、语调都会发生改变，甚至会呼吸困难不能说话。所以，这个时候我们一定要注意嗓子的保养，不要无节制地大声说话或吃刺激性食物，要多喝水，注意休息。

在人类悠久的历史上，音乐一直伴随着我们文明的发展而发展，从无断绝。早在3000年前，中国就已经有了世界上最早的乐器，而更早以前，人类就已经开始创造简单的歌曲。人们会用音乐来提神助力，愉悦自己的心情。可是，与之相反，这个世界上还有一种声音叫作噪声，它永远干扰着你的世界，让你心烦，令你讨厌，甚至对你的身体健康都有着极大的危害。那么，你知道怎样的声音才是音乐？噪声到底与音乐又有什么区别呢？

第四章 音乐与噪声

## 56. 什么样的声音叫作音乐

**在**我们的日常生活中，我们总是喜欢用音乐来填补无聊空虚的时光。感受着音乐旋律的美妙，体会着歌词的优美婉转，音乐简直是妙不可言。但是，我来问你一个简单的问题：什么样的声音才能被称为音乐呢？为什么我们要听音乐呢？如此简单的问题，你恐怕也回答不出来吧。对于这些看似很简单的东西，你有没有思考过呢？还是让我来回答你吧。

在生活中，物体进行规律的振动所产生的声音被称为乐音，而音乐就是艺术家表达音乐思想的一种艺术形式。它分为两类：一类是声乐，也就是我们的歌唱；另一类是器乐，即用乐器产生乐音。所以说，我们听到的按照一定规则演绎出来的、能够感染我们的、反映了作者思想的才是音乐。但是，并不是所有的乐音都是音乐，音乐是艺术中最抽象的，也许噪声融入乐音中也可以变成动人的音乐，不和谐的乐音组合在一起也不会变成动人的音乐。每一位音乐家都是经过对声音的深入钻研，才创造出感染我们的音乐。

千百年来我们喜爱创作音乐，也热爱歌唱。科学研究发现：音乐对我们的身体各方面是大有益处的。音乐可以调动我们的情绪，让我们感到放松、开心、满足，这些正面的感觉能减少人们对生活的焦虑。所以，我们常听音乐，可以愉悦身心，调控情绪，有益于身心的健康发展。

## 57. 原始人懂音乐吗

**你**有没有想象过原始人呢？他们刚刚从猿类进化成为人形，看起来十分野蛮，他们有音乐吗？可能你会觉得他们连文明都不懂得，吃不饱，穿不暖的，哪里会懂得音乐呢？

事实上，大约 100 万年前，音乐就从原始人的劳动节奏和劳动呼声中萌发了。最初的原始人不懂得乐谱，也不懂得怎样使用乐器，更不会仔细地研究每一种声音，但是他们是天生的音乐家。他们哼唱着哨子、打着节拍配合着手中的动作，更加愉悦地劳动，这就是最初的音乐形式。慢慢地，人类的文明向前发展，人们发现，咦！这种声音挺好听的，还能提高我们的工作效率，我们为什么不创造出更多的音乐，愉悦我们的生活呢？然后，人们就开始慢慢地研究各种各样的声音，最终，能人巧匠就创作出了更加优美的曲子，制作出了可以辅佐歌唱的乐器。音乐开始丰富，艺术形式开始增多。

在原始人时期，人类自己的力量太渺小，很多人信奉巫术，所以人们创造了许多祭祀或者崇尚天地的音乐。相传在上古的时候，人们就敲击土鼓等东西，发出声音并模仿百兽的形态跳舞，反映出人类狩猎的场景，从而在音乐中得到力量。人类在耕作时，会拿着牛尾巴歌唱，来提起精神继续耕作。这些都是原始人的音乐创作。在中国最早的朝代——夏，人类更是创作了系列的祭祀音乐《大夏》。可见，音乐是自然的艺术，原始人就是天生的音乐家。

## 58. 最古老的乐器是什么

**音**乐课上，老师问小明："世界上最古老的乐器是什么？"小明："是手风琴。"老师不解地问："为什么是手风琴呢？"小明："您没看到它一身的皱纹吗？"好笑吗？不过，这只是一个笑话，世界上最古老的乐器到底是什么呢？可能许多小朋友都不知道，不过接着向下看，你就知道了。

世界上最古老的乐器发明在我们中国哦！是不是很厉害，它的名字叫"骨哨"，在中国浙江余杭的河姆渡遗址中被发现，是目前世界上有据可查的最古老的乐器。这种乐器大约出现在新石器时代，距今已经有9000年了。这种哨子一般会用鸟类或者其他禽类的骨头制成，长度为4～12厘米，直径约为1厘米，中间是镂空的。有的骨哨内还插有一根可以移动的细骨头，将有孔的一端放入嘴里轻吹气，同时抽动腔内骨头，就可以发出简单的乐声，拉动腔内的骨头是为了变幻不同的音调。

不过，人类发明骨哨最开始可不是为了听音乐，而是狩猎用的。在猎人狩猎时，它可以模拟鹿的声音，吸引异性的鹿前来，伺机诱杀。骨哨的出土，证明了乐器最初的发源，还是来自生产劳动。不过，据观察，有的骨哨打磨得非常光滑，这同时也证明了，早在远古时期的人们就已经有了一定的审美。

## 59. 中国古代四大名琴都是哪些

中国古代有四大名琴，你不可不知，它们是齐桓公的"号钟"、楚庄王的"绕梁"、司马相如的"绿绮"和蔡邕（yōng）的"焦尾"。它们的名字是不是很美呢？它们每一个背后都有一个神奇而动人的传说。

据说，当齐桓公奏起号钟时，部下用牛角伴乐，声音悲凉雄壮，闻者落泪；而焦尾之所以叫作焦尾，就是因为蔡邕在逃亡时，听到烈火烧木头的声音，这声音不同于别的木头烧焦的声音，所以他料定这块木头必为良木，于是他抢救出这段尚未烧完的梧桐木，依据木头的长短、形状，制成一张琴，果然声音不凡。因琴尾尚留有烧焦的痕迹，就取名为"焦尾"。还有司马相如用做工精良的"绿绮"琴弹奏古曲《凤求凰》向卓文君求爱，卓文君听见了琴声，理解了琴曲的含义，倾心于司马相如的文采，便在夜间跑到司马相如的家中，缔结良缘。司马相如以琴追求文君的故事，被传为千古佳话。

楚庄王的"绕梁"又有什么故事呢？传说"绕梁"是一位叫华元的人献给楚庄王的礼物，楚庄王自从得到"绕梁"以后，整天弹琴作乐，陶醉在琴乐之中。有一次，楚庄王竟然为了听琴连续多日不理朝政，把国家大事都抛在脑后不管不顾。王妃对他规劝后，他仍不能舍弃这美妙的琴声。不过，为了国家社稷，楚庄王忍痛割爱，命人将琴敲碎，从此，万人羡慕的名琴"绕梁"绝响了。

## 60. 好朋友为什么被称为"知音"

当我们在谈论某种兴趣爱好，或者某种玩具时，你的好朋友和你想法一样，这时，你可能会对他说：你真是我的知音啊！朋友志趣相投时，我们总会称呼对方为"知音"，那么，你知道"知音"一词是怎么来的吗？其实，这个词后面也有一段令人感动的故事。

几千年以前，有一个风雨交加的夜晚，俞伯牙乘船经过汉阳江口，停靠在岸边躲避风雨远看山川秀丽，俞伯牙不禁拿出随身带来的琴弹奏起"高山流水"之音一曲终了，有一个人对他说："先生，您的琴声太绝妙了。这高山流水之音简直绝妙。""他竟然听得出我弹的是高山流水之音"。俞伯牙听了之后，不禁大喜，忙邀请这人上船来细谈。此人名叫钟子期。两人在船上越谈越投机，于是，他们相约明年中秋再会。

但是，到了第二年，俞伯牙如约来到了汉阳江口，他等啊等，怎么也不见子期来赴约，觉得很疑惑。于是他四处打听钟子期的消息，才知道他已经去世了。俞伯牙悲痛万分，来到他的坟前，凄楚地弹起了古曲"高山流水"。弹罢，俞伯牙把琴摔了个粉碎。他说："我唯一的知音已不在人世，这琴还弹给谁听呢？"

后人知道他们的故事后，感慨万分，就在他们相遇的地方，修筑了一座古琴台，纪念他们之间的相知之情。直至今天，人们还常用"知音"来形容朋友之间的情谊。

## 61. 音乐能治病吗

从小我们就知道，一生病就要去看医生，然后医生会给我们开一大堆难以下咽的苦药，但是良药苦口利于病，迫于病痛的折磨，我们还是要把药给吃了。不过，若是有人告诉你：音乐可以治病，不需要吃那些难以下咽的药物了，你是不是非常开心呢？

的确，科学家研究发现，音乐可以促进一些疾病的康复，也可以辅助医生治疗。曾经有英国医生用音乐麻痹病人的神经，代替麻醉剂的使用，拔掉病牙。音乐还可以放松人们的神经，减缓压力。有些医生就在产妇分娩时，用音乐消除她们的紧张。而且，国外有许多医院还建有专门的音乐病房，用来促进病人的血管、呼吸、胃肠等疾病更快更好地康复。在中国，宋代文学家欧阳修运用音乐治好了抑郁症。

音乐为什么可以治病呢？原来，音乐可以通过生理和心理两方面对身体产生作用。当音乐振动频率、节奏与人体内部的振动频率、生理节奏相一致时，音乐传入人体，引起身体的共振，从而调动起身体的能量，好像对身体里的细胞进行按摩，对健康有许多好处。而且，音乐是我们表达情绪的一种艺术，能调动起我们的情绪，让人沉浸其中。所以我们可以利用音乐进行心灵的沟通，抚平心中的伤痛，改善人的心理状态，让我们的心态积极快乐起来，这就是音乐的心理作用。

## 62. 听音乐能加快入睡吗

**音**乐可以帮助我们治疗疾病，有益于身心健康。经常听音乐，更是让人心情愉快，可以消除工作紧张、减轻生活压力。那么睡觉时听音乐，是否有利于我们身体健康呢？听着音乐，我们是不是能够更快地入睡呢？

其实，早在19世纪初期，国外的医生就已经发现，音乐具有催眠效果。医生在给失眠患者放舒缓的音乐时，病人就可以减少安眠药的服食量。研究发现：音乐的节奏可以刺激大脑细胞，影响人体激素的分泌，减少夜间的起床次数。现在，大多数的安眠药在病人使用两周后便失去疗效，所以，音乐治疗渐受重视，并已经被医护人员普遍使用。不过，并不是所有的音乐都可以帮助我们快速地进入睡眠，只有音乐的节拍和人类心跳的速度差不多时，才能够帮助我们入睡，快速或者慢速的音乐节奏只会干扰我们入睡。

不过睡着后，我们应该尽量不要戴着耳机听歌睡觉，这又是为什么呢？原来，如果睡觉时听音乐，当我们睡着后，大脑还会附和着音乐运动，得不到休息，醒来之后我们会感觉很疲惫，时间长了有可能会得神经衰弱，也容易引起神经性耳鸣、耳聋。所以，我们可以请别人在我们睡着后，把音乐关掉，或者把音乐设置为定时关闭。

## 63.什么是噪声

这个世界有这么多的声音,但并不是每个声音都那么悦耳动听,让人沉浸其中。那么我们要如何分辨这些声音呢?那些令人讨厌的声音我们应该怎样称呼它呢?

那些令人喜欢的、规则悦耳的声音被我们称为"乐音",那么,与之相反的吵闹的令人厌烦的声音就被我们称为"噪声"。噪声,就是物体在做没有规则的、毫无章法的振动时发出的声音,声音变化混乱,一点儿也不和谐。还有,凡是对我们休息、学习和工作等日常生活造成妨碍的声音,以及对人们要听的声音产生干扰的声音也是噪声,比如,安静图书馆里的音乐声妨碍了你的学习,再比如,有人用鞋子蹭地板,就会发出刺耳尖锐的"吱吱"声,使人感到异常的焦虑厌烦,这些声音都被我们称为"噪声"。

事实上,我们周围有很多噪声。公路上吵闹的汽车声、工厂里轰鸣的机器声,还有邻居家剧烈的音响,这些干扰你的声音都是噪声。随着人类社会的发展,世界范围内出现了三个主要环境问题:噪声污染、水污染和大气污染。噪声污染就是其中的一种。这些噪声伴随在你周围,令人焦虑又挥之不去,就形成了噪声污染,对我们的身体和生活都造成了极大的伤害。

## 64. 噪声与音乐有什么区别

如果我问你："噪声与音乐有什么区别？"你肯定会告诉我："那还不简单，好听的就是音乐，不好听的就是噪声呗！"那如果我再告诉你，音乐里也是包含噪声的，你相信吗？

声音是由振动产生的，规则振动产生的声音就是乐音，不规则的就是噪声。乐音和谐有规律、悦耳好听，而噪声杂乱无章、嘈杂刺耳。音乐主要是由乐音构成的，但是音乐里也含有噪声。钢琴、小提琴以及笛子发出的声音就是规则动听的乐音，而锣、钹和大鼓等乐器发出的声音，则是噪声，是不规则的振动。但是音乐是夸张的，它需要表达出各种情绪或者一定的特殊场景，很多音乐家就用锣鼓的声音来展现人群沸腾的场面，所以说音乐里也是有噪声的。

音乐是包含噪声的，噪声与乐音并没有什么明显的界限，如果噪声与乐音加在一起可以变得很好听且不影响我们的正常生活，那么噪声也可以变成音乐。不过，我们要区分清楚，噪声与乐音还是不同的，它们之间的关系就像一棵大树上分出两个树杈，而这棵树就是音乐，两个树杈一个是"噪声"，一个是"乐音"，也就是说，音乐既包含乐音，也包括噪声。而所有物体不规则振动时产生的声音都是噪声，就像马路上不遵守交通规则的汽车，横冲直撞，它发出的声音是不可能变成音乐的。

## 65. 噪声怎样分级

气预报中常说："今天有四级大风"或"今天微风"。根据风的威力大小，人们把风划分了许多等级。而噪声也是一样，有不同的程度，那么我们又是怎样对它进行分级的呢？

噪声有高强度和低强度之分。低强度的噪声在一般情况下对人的身心健康和正常的生活不会造成什么影响，而且在许多情况下还有利于工作效率的提高。但是，高强度的噪声就不一定了，高强度的噪声一般来自巨大的机器，就像你在路边看到的砂石搅拌机。还有许多现代的交通工具，如汽车、飞机等以及商场的喧闹声，都属于高强度的噪声。

这些噪声危害着人们的身体，会让我们感到疲劳，产生负面情绪，甚至疾病产生的概率也会增大，严重时对我们的智力都有一定的影响。所以，听多了噪声，小心会变笨哦！科学家还发现：如果人长期在 95 分贝的噪声环境里工作和生活，大约有 29% 的人会丧失听力，这多可怕啊！在研究不同情况下的噪声后，人们对噪声强度进行了分级：

（1）为了保护人们的听力和身体健康，噪声的允许值在 75～90 分贝；

（2）为了保障交谈和通信联络，环境噪声的允许值在 45～60 分贝；

（3）为了保障人类正常的睡眠，建议环境噪声允许值在 35～50 分贝。

## 66. 噪声对人体健康有什么影响

我们每天看新闻或者看书时都会看到：噪声对我们的身体健康有影响，我们需要重视防范噪声污染。那么，噪声到底对我们的身体有什么影响呢？它会对我们的身体造成多大的伤害呢？

我们用耳朵听声音，所以最直接的，噪声会损害我们的耳朵。人体是由许多我们肉眼看不到的细胞构成的，而我们的耳朵上有一种细胞，叫作感觉发细胞，它最易受到噪声的伤害。当噪声的频率非常高的时候，噪声像一把锋利的刀，一下子就把感觉发细胞损伤了，慢慢地受伤的细胞越来越多，最后我们就会丧失听力，变成耳聋了。噪声不只对我们的耳朵有影响，还会让我们感到非常焦虑，这个时候，我们身体里的一种激素就会分泌更多。这种激素会让我们更加兴奋、焦躁，血压就会上升，造成许多血管的疾病，许多老年人还会因为血压太高而昏厥（jué）。

噪声不仅仅会影响身体的某个器官生病，还会影响我们睡觉。睡眠能够帮助人类消除疲劳、恢复体力、维持健康。但环境噪声会使人不能进入深度睡眠或容易被惊醒，在这方面，老人和病人对噪声干扰更为敏感。研究结果表明：连续噪声会让你很快地从熟睡中醒过来，即使睡着，也会做很多梦，醒了后会觉得非常疲惫。如果是突然的噪声还会使人惊醒，长时间如此，你的记忆力就会慢慢下降，每天都缺乏精神。

## 67. 如何杜绝噪声对人类的危害

声有这么多的危害，我们应该怎样杜绝它对我们的伤害呢？

噪声也是声音的一种，它也是由振动产生的，通过外界介质传播，最终进入我们的耳朵被我们感觉到。所以，想要防止噪声，我们可以从声源、传播以及听力这三方面来杜绝噪声的危害。首先我们可以阻止物体的振动，不让噪声产生，或者尽可能使产生的噪声音量减小。因此，我们可以让工厂改进生产工艺，使机器工作产生的噪声降低。其次，可以控制噪声的传播，通过植树来建设隔音带，让噪声经过这片树林时被吸收，这样，噪声就不能继续向前传播了。最后，我们不让声音进入耳朵不就可以了。我们可以在比较嘈杂的环境下，带上耳罩，不让声音钻进我们的耳朵。这些方法都可以减小噪声带给我们的危害。

虽然，我们已经掌握了消除噪声危害的方法，但是，我们的社会在高速发展，工厂和交通体系非常庞大。简单的隔音措施可能在这些大的噪声源面前起不到作用。那我们该怎么办呢？不用担心，科学家又想出了很多办法。例如在公路旁或者轨道处建造隔离带，这些隔离带就可以阻挡噪声传播。对于一些大型工厂，我们可以让它搬离市中心，这样就不会影响我们的正常生活了。我们家里也可以装上双层玻璃，两层玻璃中间是真空的，这样，噪声会大大降低，我们在屋子里就不会受外面的干扰了！

## 68. 我们怎样在家里降低噪声

**是**不是只有街道上才有噪声，我们家里是没有噪声的呢？事实上，噪声无处不在，家里的电视机、洗衣机、微波炉还有电脑等，这些电器都会产生许多噪声。虽然这些噪声没有工厂的轰鸣声大，但是长时间的影响，对身体还是很不好的。那我们该怎么办呢？我们又不能天天在家带着耳罩，也不可能把这些产生噪声的机器都搬出去，否则，我们就没办法生活了，怎样做才好呢？

在家里，我们也有科学降低噪声的好方法。第一，科学地使用家电，比如说电视机或者音响要开适当的音量，可不要开得太大，否则有损听力。第二，卧室最好不要放冰箱这种日夜工作的大电器，以免影响我们休息。其他的电器也不要都放在一间屋子。这样，声音就不会在一个屋子里重叠，使得噪声加大。第三，坏了的电器，赶紧去修补。因为出问题的电器可要比正常工作的电器噪声大得多。第四，可以在家里摆放一些花花草草。你知道吗？种些花草，不仅能够净化屋子里的空气，它还可以吸收一部分噪声。这是不是很美妙呢？

这些外部的条件都做好了，我们就要从自身做起了。噪声对我们的身体有伤害，会使我们身体内的B族维生素减少，我们可以多吃一些富含蛋白质和B族维生素的食物来缓解这些伤害。

## 69.潜艇如何"隐身"

你知道潜艇吗?它们可是军队在水中强大武力的保证,它们总是潜伏到海底,神出鬼没,在敌人最不注意的地方猛然袭击,给敌人最致命的打击。所以,潜水艇降噪声的措施一定要做好,否则,巨大的轰鸣声就把敌人引来了,怎么能出其不意呢?但是,潜水艇体积那么大,怎样消除它巨大的噪声呢?

潜艇的噪声主要来自三个声源:机械噪声、螺旋桨噪声和水动力噪声。所以,针对不同的声源产生的噪声,我们采用不同的方法,对症治病,才能处理好问题。

潜艇的机械噪声主要是由发动机以及潜艇上的装备运作所产生的。所以,可以通过改进工艺减少机械噪声,使生产的发动机噪声减小,整个潜艇的噪声就小了。还有,我们可以做两层底座来放置这些设备,这两层之间放一些柔软的有弹性的材料,这样,这些材料就会吸收声音,从而降低噪声。为了降低螺旋桨的噪声,可用七个大叶片的侧斜的螺旋桨改进原来的五叶螺旋桨,这样水打在螺旋桨上的力气就被均分成七份,比原来的五份少多了。而且,新式的螺旋桨叶片是倾斜的,阻力也会被卸掉好多,所以,噪声就被降低了。水动力噪声很小,往往被机械噪声所掩盖,我们只要防止它不与潜艇共振导致设备破坏就好了。

俄罗斯研制出的一种消声瓦片附在潜艇外面,可令整个潜艇发出的声音在115分贝左右,和大海本身的声音差不多,这样就不太容易被人发现了。

## 70. 海底世界的噪声有哪些

和我们生活的环境一样，鲨鱼生活的海洋里也充满着各种各样的声音。尽管海底世界有些声音十分动听，但是，这些声音往往会严重地干扰声呐的正常工作，我们很难区分接收到的信号到底是目标检测的声音还是噪声，也就不能确定海底到底有没有危险，这样就影响了我们的探测，使海洋探测工作变得更加艰难危险。

用声呐检测海底的声信号时，人们总是能接收到许多非目标区域的声音，而这些目标以外的声音通常被称为背景噪声。背景噪声有自噪声和环境噪声两大类。其中自噪声就是由声呐系统自身产生的噪声，共有三种情况产生自噪声，第一，声呐机器内的电路声，第二，海上船只驾驶时发动机等大型机器设备发出的声音，第三，水中的噪声以及船与水的相互作用摩擦而产生的噪声。

而环境噪声包括海洋内产生的所有声音，如海面的波动声、海水相互拍打气泡破灭声以及下雨的声音，还有船只产生的航行声、海港岸边人们热火朝天的工作产生的工业噪声。环境噪声中还有一个重要的组成部分就是生物噪声，叫虾和打鼓鱼等许多海洋动物都会发出各种各样的声音，海洋里的动物们也是会说话的哦！这些都是海洋里的环境噪声。

为了减小自噪声，人们想出了许多方法，现在也取得了很多成效。如果声呐收到许多回声，我们将收到的所有声音对比数据库，就可以从背景噪声中提取所需要的有用信号。

## 71. 你知道噪声可以作为一种刑罚吗

**夏**朝，人类刚刚建立国家，有了文明的社会。但是文明的发展还很落后，从刚建立国家到现在已经历了几千年，人类文明才慢慢发展到现在的程度。早期的人是非常野蛮的，他们发明了许多酷刑来惩治罪犯，其中就有一种刑罚叫作"钟下刑"，就是利用噪声来惩罚犯人，你知道这种酷刑是怎样实施的吗？

这种刑罚会让犯人站在一个巨大的钟里，外面的人用力敲击大钟，发出巨大的噪声，站在钟内的人常常承受不住而崩溃以至死亡，这是一种极其残忍的刑罚。"二战"时，一些国家也曾用噪声来折磨敌国间谍，以获取情报。他们用非常高音量的喇叭对准间谍，当喇叭的音量让人难以承受时，间谍就会异常烦躁，出现思索困难等现象，审讯者就趁机问他们一些问题，从中套出情报。如果间谍克制住不说，他们会继续加大喇叭的音量，当声响超过130分贝时，受刑者就会全身抽筋，精神分裂，耳膜破裂而昏死，更有许多人受不了这种酷刑的折磨，自杀而死。

噪声是可怕的，而用噪声做刑罚更是残忍的。

　　自然界呈现着形形色色的现象，真的是令人眼花缭乱。在这众多的现象中，蕴藏着物质世界无穷无尽的奥秘。人类就是在认识这些自然想象和发现其中的奥秘中不断地进步着。而在这个大自然中，有着无数种的声音时时刻刻地萦绕在我们的身边，虽然我们对它们摸不到，有时也听不到，然而构成我们这个世界的一切都与这些声音有着密切的联系。那么，这个喧闹的大自然到底有着怎样不为人知的秘密呢？又是怎样影响着我们的生活的呢？

第五章 大自然的声音

## 72. 蟋蟀是怎样鸣叫的

每逢夏天的晚上，总是有"唧唧"声不停地打扰我们休息。出门去，仔细地观察地上，你就会发现许多蛐蛐成群结队地在跳跃前进，发出刺耳的声音。不过，相信有许多小朋友都喜欢捉蛐蛐玩，这是童年的一大乐趣，对不对？

蛐蛐，学名蟋蟀，我们经常捉它玩，很多人还把它油炸了吃掉，肉质鲜美。但是，你有没有注意过：蟋蟀是怎么发声的呢？蟋蟀明明没有声带，怎么会出声呢？声音是从鼻子出来的吧？我想它一定是哼出来的，可它又没有鼻子。是从身体发出来的吧，可它又没有发音的器官。是不是从腹部发出来的呢？可是它的肚子好像也没有动啊。蟋蟀到底是怎样发出声音的呢？难不成它的嘴巴在身体里面？

后来，科学家对蟋蟀进行了仔细的研究。原来，蟋蟀的发音器官长在翅膀上，它的前翅下边有一个发音器，翅膀上有一个刮片。蟋蟀没有声带，永远不会张嘴鸣叫，它们振动起那坚硬的前翅，翅膀上的刮片就会摩擦那个发音器，发出相当响的唧唧声。还有，不是所有的蟋蟀都会发声哦，只有雄蟋蟀才会有发声的翅膀，雌蟋蟀翅膀很平滑，不会发声。所以，想要知道你捉的蟋蟀是雄的还是雌的，只要听听它会不会发出声音就好了。

## 73. 为什么一到夏天蝉就叫个不停

夏天里，蝉在树上不停地尖叫，燥热的夏日午后显得更加焦躁，你有没有这样的疑问：为什么一到夏天蝉就叫个不停呢？为什么它们喜欢激昂高歌，扯着"嗓门"大喊大叫呢？为什么它自己都不觉得很吵呢？你对这些问题表示过疑问吗？法国著名昆虫学家法布尔对此可是百思不得其解。他曾对蝉进行了多年的观察研究，并做了极其生动而细致的描述。

对蝉的鸣叫他是这样描写的："蝉的翼后的空腔里，带着一种像钹一般的乐器。它还不满足，还要在胸部安置一种响板，以增加声音的强度，蝉为了满足对音乐的嗜好，确实作了很大的牺牲。因为有这种巨大的响板，使得生命器官都无处安置，只好把它们压紧到最小的角落里。"有了这个响板，蝉的声音可是又大又亮。

法布尔先生还在蝉的周围发射火枪，但是它们一点反应也没有，蝉竟然是"聋子"。不过，有许多昆虫学家对蝉是"聋子"的看法表示怀疑。他们解剖了雄蝉的身体，发现蝉两侧腹室的外缘各有一个稍突起的听囊，腔内约有1500个听觉单元，它们可以听到巨大的声音，所以证明雄蝉并不是"聋子"。

蝉为什么只在夏天叫呢？原来啊，蝉的寿命非常短，它只能活两三年。它总是在夏天才能孵化成蝉形，为了不使它们的后代灭绝，它们必须在这个夏天找到配偶，繁殖后代，而叫声就是为了吸引雌性的蝉。

## 74. 为什么蝴蝶飞舞不会发出声音

蝶，统称为"蝴蝶"，全世界有14000余种，除了南北极寒冷地带以外，在世界各个地区都有分布。蝴蝶一般色彩鲜艳，翅膀和身体有各种花斑。最大的蝴蝶展翅可达24厘米，最小的只有1.6厘米。每种蝴蝶都有着不同的花纹，异常美丽，所以有人专门收集各种蝴蝶标本。可是我们在捕捉蝴蝶的时候有没有听到过蝴蝶飞舞的声音呢？

你肯定没有听到过。可能你会说，也许是外面太吵了，盖住蝴蝶飞舞的声音了。其实不是这样的，无论外面的世界多么安静，你都不可能听到蝴蝶飞舞的声音，因为蝴蝶飞舞就没有声音。你又要发出疑问了：蝴蝶飞舞会扇动翅膀，翅膀动就会拍打空气，空气振动又怎么不会产生声音呢？这不可能啊！

苍蝇、蚊子在飞行时都会发出声音，蚊子的"嗡嗡"声在晚间睡觉时总是会把我们吵醒。这都说明，昆虫扇动翅膀是会发出声音的。但为什么听不见蝴蝶飞舞的声音呢？原来啊，昆虫每秒钟里翅膀扇动20～20000次时才能听到，低于或高于这个范围，人都不可能听到。苍蝇飞行时，每秒钟可振翅150～250次；蚊子飞行时，每秒钟可振翅600次左右；蜜蜂飞行时，每秒钟可振翅近300次。可是，蝴蝶飞舞时，每秒钟只振翅5～8次。因此，苍蝇、蚊子、蜜蜂等昆虫飞行时总会有嗡嗡的声音，而蝴蝶飞舞时却没有声音。

## 75. 青蛙为什么会"大合唱"

每到夏季，我们都能在田野中、马路旁的草丛和河边的水草里听到一片"呱呱"的鸣叫声，只见一抹抹绿色的身影在草丛中跳跃穿梭，我们就知道属于青蛙的季节来了。而青蛙的鸣叫往往不是单独出现的，而是遥相呼应、有来有往的"大合唱"。

蛙叫的声音很独特，尤其是在仲夏之夜，那种庞大、和谐的叫声，就像一首山中的交响乐。那么，为什么青蛙们的鸣叫是有规律性的，具有"合唱"特点，而不是杂乱无章地乱叫呢？原来，到了夏季，就是青蛙繁殖的季节了，雄性青蛙有鸣囊，可以发出鸣叫声，吸引雌性青蛙来进行交配。雄性青蛙会使用不同的叫声向雌性青蛙表达自己的爱意，青蛙到了这个时候，就会变得非常兴奋，所以它们就会此起彼伏地鸣叫。而羞涩的雌蛙一般是不会叫的，仅会发出求救叫声，只有国外的少数几种雌蛙会发出回应雄蛙的叫声。不过它们的鸣叫声也并不都是为了求偶，当它们被天敌抓住时也会发出来"叽叽"的求救叫声。不同种类的青蛙都有其独特的声音频率，青蛙可以凭此辨别出对方和自己是不是一个种族。

另外，夏季的空气湿度很大，青蛙用皮肤呼吸，空气中的水分可以让青蛙感到十分的舒畅，这也是夏季青蛙纷纷鸣叫的另一个原因。

## 76.母鸡下蛋后为什么"咯咯"叫

**你**一定玩过"老鹰捉小鸡"的游戏吧？那你有没有注意到，每次母鸡下蛋后都会发出"咯咯"的叫声。有时，我们在玩游戏的时候，也会模拟老母鸡"咯咯"的叫声，让游戏更加逼真。但是，为什么老母鸡在下蛋后会"咯咯"叫呢？是想要向我们说什么吗？

动物之间也是有语言的，只是我们还没有完全破解罢了。母鸡的"咯咯"叫声，就是它们的语言，是有很多含义的。

第一，每个母亲在生孩子的时候都是非常不容易的，动物也是一样，无论是下蛋还是生产小幼崽都是一个非常痛苦的过程。所以，当母鸡下过蛋后，会感到非常的轻松，它发出"咯咯"的叫声，是表示自己的兴奋。就像人类跑完几千米后，不自主地缓一口气一样，都是为了舒缓一下心情。

第二，所有的动物都有保护孩子的天性，母鸡也不例外。在下完鸡蛋后，母鸡发出"咯咯"的声音，也是一种警告，这种声音通常听起来艰涩难听，就是在警告其他的动物不要靠近它，更不要妄图抢鸡蛋，要不"我"会不客气的。

可见，动物的语言也不可小觑啊！

## 77. 鹦鹉为什么会说话

我们人类有一种宠物，它就是个头较大、色彩斑斓、经过训练后能说人语的鸟——鹦鹉，鹦鹉因为其能说人语的特性以及说话时憨态可掬的模样而广受人们的喜爱和欢迎，我们常常会在人们的家里以及马戏团中见到它们的身影。那么，鹦鹉为什么会说"人话"呢？

原因其实很简单，鹦鹉拥有一颗高度发达的大脑和结构特殊的口腔与舌头，这将它与普通鸟类区分开来。鹦鹉通过聆听自己周围的声音来学习，它们足够聪明的大脑可以使它们通过不断地重复和模仿这些声音来记忆和学习。但仅有一颗聪明的大脑是不够的，许多鸟类拥有和鹦鹉一样聪明的大脑，但它们却不能像鹦鹉那样讲"人话"。原因就在于鹦鹉还拥有比一般鸟类更大的口腔，鸣管更加发达，这就使它的发声条件更加有利。最为关键的一点，鹦鹉的舌头结构特殊。一般鸟类的舌端是尖的，而鹦鹉的舌端是圆的，并且整个舌头软而灵活。因此，当鸣管发生振动时，鹦鹉的舌头也能随着运动，从而发出简单的音节，发挥模仿简单人语、鸟鸣和兽叫等声音的作用。但是，尽管它能把有些人语模仿得完全一样，却完全不懂得这些语言的真正含义，只不过是学舌而已。

这就是鹦鹉能够发声的奥秘！

## 38. 蝙蝠靠什么识别方向

意大利科学家斯帕拉捷经常在晚饭后散步，他常常看到黑夜中很多蝙蝠灵活地在空中飞来飞去，却从不会撞到墙壁上。这个现象引起了他的好奇：蝙蝠怎么在夜空中也能自由飞行呢，它不会像人类一样在夜晚看不清吗？他决定要探究一下。一天晚上，斯帕拉捷吃完晚饭后走出街头，把笼子里眼睛被蒙上的蝙蝠放了出去，他看到放出去的几只蝙蝠仍旧可以毫无障碍地来回飞翔时，震惊极了。

为什么蝙蝠不用眼睛也能辨识方向呢？它们的眼睛是摆设吗？难道，蝙蝠像小狗一样鼻子特别灵敏，能够闻到前边的障碍物？于是，斯帕拉捷又堵住了这些蝙蝠的鼻子，让它们失去了嗅觉。当斯帕拉捷再次把它们放出去时，他发现这群被堵上鼻子的蝙蝠还是能够毫无障碍地飞行。斯帕拉捷不甘心，他又一次尝试。这次，他把蝙蝠的耳朵捂住了，蝙蝠可没有了先前的神气，它们像无头苍蝇一样在空中东碰西撞，很快就跌落在地。原来蝙蝠在夜间飞行，捕捉食物，是靠听觉来辨别方向、确认目标的啊！

那么蝙蝠是怎样听到"障碍物"的呢？原来啊，蝙蝠是利用了超声波。蝙蝠的喉咙可以发出人听不见的"超声波"，超声波在空气中沿着直线传播，一碰到物体就反射回来。蝙蝠用耳朵接受到这种"超声波"回音，就能迅速作出判断，躲避障碍物，捕捉食物。看来，超声波不止对人类有用，动物也可以使用它辨别方向呢！

## 79. 海豚的高音有多高

**我**们总是称那些美丽的令人震撼的高音为"海豚音",意思就是指那些人的声音像海豚一样高音调。海豚音也是至今为止人类发声频率的上限。那么,真正的海豚发出的声音又有多高呢?

海豚也是有智慧的,大脑的记忆容量和信息处理能力与灵长类动物差不多。海豚还特别爱唠叨,会不时地发出许多声音。但是,事实上海豚音是听不到的。海豚音是频率为200～350千赫兹的超声波,超声波和次声波人类都听不到。所以人类无法和海豚进行交流。不过海豚很厉害,它不止会发出超声波,在与它的同类进行交流时,海豚还可以使用低频的声音互通消息,就好像它们在窃窃私语一样,悄悄话要小声说。

既然真正的海豚发出的声音是超声波,我们听不到,自然也无法发出超声波。海豚音常用来赞誉人类发出的极高的音调,是对高音的一个形象的比喻,好像歌唱者的声音高到超出了人类的极限一般。不过,海豚发出超声波可不是为了歌唱,它和蝙蝠一样,是在用超声波进行定位,它根据回声的强弱判断前方障碍的远近、大小,让海豚在深海的黑暗环境中也能自如地捕猎。

## 80. 鲸鱼会唱歌吗

也许我们觉得植物会说话就已经很神奇了，那如果我告诉你鲸鱼会唱歌呢？你也许会说，那有什么惊奇，很多动物都会发出它们特有的歌声啊！但是我告诉你，鲸鱼的歌声不是那种难听的尖叫或者没有什么美感的声嘶力竭，它们的歌声很优美、很动听，令人沉浸其中。原来歌唱不是人类的专利啊。

美国是世界上第一个记录到鲸鱼唱歌的国家。科学家们在纽约近海域地带首次听到了鲸鱼唱歌，这些鲸鱼不分种族，不分地域，相互召唤，雌雄鲸鱼间还通过歌声谈情说爱，歌声美妙极了！美国康奈尔大学生物研究实验室的研究员听了鲸鱼的歌唱后，不禁说道："这真的是一次极为美妙的体验，整个过程真是棒极了。整个过程美妙得以至于直到现在我甚至还有些不敢相信自己的耳朵，我竟然听到了鲸鱼们的歌声。"鲸鱼是海洋里最为巨大的动物，也是当前世界上少有的大型动物，它们在海洋里安静地生活着，偶尔出来嬉戏一番，似乎在通过歌声告诉我们："嘿，不要忘记我们的存在，我们的生活也是极为美好的，来我们这里瞧瞧吧。"

其实，鲸鱼是非常优雅的动物，虽然它们体型庞大，看起来一点儿也不优雅。但是，你瞧，人家的行为多么优雅！它们歌唱着呼唤伙伴，用自己美妙的歌声吸引女朋友，它们的生活充满了美妙的音乐。科学家告诉我们，鲸鱼的歌声还有着许多我们不知道的秘密，等待着我们去慢慢地了解它、破解它。

## 81. 我们怎样知道恐龙的叫声

恐龙"会说话"吗？它会"咆哮"吗？

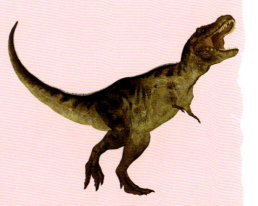

恐龙生活在 2.3 亿年前的三叠纪时期，灭亡于约 6500 万年前的白垩纪晚期，这个时候人类还没有出现，没有人听到过恐龙的声音。那么，我们在电影里听到的恐龙声又是怎样得来的呢？原来，虽然恐龙离我们那么遥远，但是在地球的土层下，有许多恐龙的化石保留了下来。科学家把它们完整地挖掘出来，按照骨骼的样子再把巨大的骨骼化石拼凑起来，就让我们看到了几亿年前恐龙的样子了。不过仅仅是研究恐龙的骨骼化石也不能确定恐龙到底能不能发声。科学家们发现恐龙的骨骼上有一个形状独特的器官，他们觉得这可能就是恐龙用来发声的器官，毕竟恐龙在觅食或者呼唤同伴的时候，是很有必要发出声音的。

既然科学家也无法证明恐龙的声音，那我们在电影院听到的恐龙发出的可怕的吼叫声，真的就是恐龙的声音吗？其实这是科学家根据考古发掘出的恐龙头骨化石用电脑模拟出了一个恐龙的大脑结构，又复原了恐龙的声带并采集了大量动物的声音，比如大象、狮子、老虎和一些鸟类的叫声，来模拟出想象中的恐龙的声音。毕竟真正恐龙的声音谁也没有听见过，这只是人们的推测和想象。

## 82. 如何聆听光的声音

考你一个问题：你是怎样感受光的呢？你也许会回答："当然是用眼睛看啊，闭上眼睛的时候，也可以感受到外界光线耀眼。不过，不睁开眼睛，就看不到东西。"你们真聪明，感受光，当然是用眼睛啊，我们可以用眼睛看到这个五彩斑斓的世界。不过，告诉你们一个小秘密：我可以教你们用声音感受光，想不想学？你们可以听到光的声音。

首先呢，我们找一个罐子，大小都可以的。然后，我们找点锅灰，就是锅底那层黑黑的物质，把它涂在罐子的内表面，注意：只涂一半就好，就是把罐子内表面的一半涂成黑色。然后，我们再在盖子上挖一个小孔。现在，你把它放在白炽灯下面，黑色的那一面对着灯泡就好了。你站在旁边，就可以听到光线的声音了。

神奇不神奇？我来告诉你们为什么吧。原来啊，这是一种光声效应，用光照射某种物质的时候，这种物质就会大量地吸收光线，光线照射久了，温度就会升高，热胀冷缩，物体就会膨胀。当光线不再照射的时候，物体又收缩了，旁边的空气也跟着热胀冷缩，空气一震动，就产生了声波。而我们将罐子内表面涂上黑锅灰，黑色是最能吸收光和热量的颜色，所以，夏天我们穿黑色的衣服会更热。

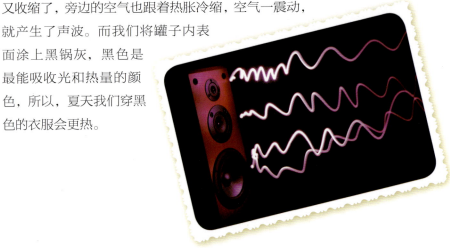

## 83. 为什么我们总是先看到闪电，后听到雷声

夏季是雷雨的高发时节。我们晚上睡觉的时候，有时会听到震耳欲聋的打雷声音，噼里啪啦的几声响就会把我们从美梦中惊醒，很多小朋友都会害怕这种声音。但是，你有没有仔细观察过：在雷声之前我们总是会先看到闪电。为什么闪电总是在雷声前面呢？是闪电和雷声产生的时间不一样吗？

答案是否定的。其实，闪电和雷雨几乎是同时产生的。雷电一般产生于含有很多水分的积雨云中，积雨云中又含有很多我们看不到的小分子，这些小分子含有电量，而且上下层性别还不一样。平常这些上下层的小分子不能见面，但是，当很多很多小分子都生活到这片云彩后，一个地方就不够住了，上下层的带电小分子就会来回跑，不同性别的小分子相遇后就擦出了火花，引起了闪电。闪放电过程中，会产生高温，热胀冷缩，空气就会随着热量膨胀，热散去后，又收缩，空气就会剧烈地振动，于是就有了我们听到的雷声。所以说，电闪雷鸣都几乎是在一瞬间产生的，没有什么先后啊！

那为什么我们总是先看到闪电，后听到雷声呢？原来啊，光的传播速度比声波的传播速度要快得多。光在真空中传播的速度是299700千米/秒，即使在空气中传播的速度也和这个速度差不了多少，而声波在空气中每秒仅仅只能传播340米，这和光的传播速度相差甚远，所以说我们总是先看到闪电，再听到声音了。光的速度可真快啊！

## 84. 大自然的"声音"都能听到吗

**我**们知道，火山爆发、地震或者是龙卷风到来时，通常会发出强烈的次声波。但是这些次声波我们听不到，对人体有危害的，大自然里我们听不到的声音只有次声波吗？还有没有别的声音我们也听不到呢？它又会不会对我们造成危害呢？

自然界的声音多种多样，我们听不到的必然不会只有次声波。事实上，与之对应的，超声波我们也是听不到的。人类只可以听到20～20000赫兹的声音。超声波就是频率高于20000赫兹的声波。频率高，波长自然就短。超声波的波长非常短，在传播中遇到的障碍物的尺寸都要比超声波的波长大许多，所以，它一般不会发生衍射。而且啊，超声波很聪明，方向性很好，总是能够沿着一条直线走，而且它能够把所有能量聚集于一身，具有非常大的穿透力。

人体内的振动频率通常是低于20赫兹的，所以，次声波会与人发生共振，对人体危害极大。那么，超声波频率这么大，应该对人体没有什么影响了吧？超声波是带有能量的，人体接触后，接触部分的细胞温度就会缓慢上升。但人体的某些组织相较不耐热，比如还是胚胎的小宝宝，如果长时间或者大量地暴露在超声波下，有可能引起损伤。不过，一般情况下，只要不是长时间接触比较强的超声波，对我们的身体是没有什么损害的。

## 85. 我们听不到的危险预警有哪些

**1890**年，一艘名叫"马尔波罗号"的帆船从新西兰驶向英国。神奇的事情发生了：这艘帆船突然失踪了。时隔20年后，人们在紧邻南极的地方发现了它，奇怪的是：船上所有的东西都完好无损，没有开封过，连船长的日记字体都还清晰可见，而船员们也还维持着当年站岗时的姿势，站在自己的位置上，看不到任何伤口，可怕的是他们都已经死了。这些船员是怎么死的呢？他们遭遇了海盗吗？那为什么船上物品都没有丢。是自杀吗？又为什么船员身上没有伤痕？这么多的谜团引起了许多科学家前来调查。最终，他们发现，是次声波害死了他们。

其实，人耳能够听到的声音通常在20～20000赫兹。20赫兹以下称为次声波，在自然灾害来临时，往往会产生大量的次声波，它们每秒振动的次数很少，虽然它能够传播得很远，比一般我们能够听到的声波传得远多了。但是，由于我们听不到它，所以，我们往往会忽视它，受到它的伤害。我们人体内的器官振动频率非常低，通常在0.1～20赫兹，这恰好和次声波的振动频率差不多，次声波就会引起人身体产生共振，从而丧命。

大自然是有很多自然灾害产生的，例如：地震、海啸、火山爆发，还有飓风、龙卷风等，这些灾害来临时都会产生大量的次声波。虽然我们人类听不到，但是动物的耳朵可比我们人类灵敏多了，很多动物都能听到次声波，所以科学家们正在尝试训练动物来为我们报警。

放假时我们都在家里干什么呢？大量空闲的时间是不是很无聊呢？还是来学一些更好玩的游戏吧！在游戏中可以学到很多知识，你还可以带着爸爸妈妈一起玩。好，一起来做"游戏"吧！让你亲眼看到声音世界的无穷奥秘，体会自己动手的乐趣！

# 第六章 探究声音的有趣实验

## 86. 如何制作"土电话机"

在家里,我们都会使用电话机和他人通话,电话已经成为我们生活中联系家人和朋友必不可少的沟通工具。但是,电话机的内部结构是非常复杂的,我们通过无数的设备与信号才听到了来自远方的声音。现在,我们来做一个简单的用杯子做电话机的小实验,让你在一定距离内可以听到小朋友的声音,还不要电话费哦!

器材:两个饮料杯、长绳子、锥子

步骤:

1) 先在两个杯的底部各穿一个孔,孔不要太大,绳子能够通过就好。

2) 把绳子拉直穿过两个杯底的小孔,在杯内打好结,保证绳子不会和杯子脱离。

3) 两个人分别拿着两个杯子分站两边,直到把绳子拉直。一人对着杯子说话,另一个人侧耳倾听即可。

这时,你会发现你和你的小伙伴相距甚远,但是,彼此说话的声音仍旧可以清晰地传到对方的耳朵里。这是为什么呢?事实上,这也是利用了固体传声的道理,你说话的声音也可以通过绳子向前传播。声音在固体中传播,远远比在空气中传播容易得多,当绳子拉直时,声音直接沿着绳子就传入了对方的耳朵。不过,若是你的绳子没有拉直,就不一定能够听到声音了,因为声音在同一种介质中是沿着直线传播的。若是绳子没有拉直,声音就跑到空气里了,你就听不到了。

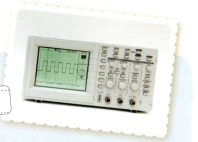

## 87. 如何用示波器"看到"声音

我们知道，声音又叫声波，为什么是"波"呢？当然是因为声音是有形状的，只是肉眼看不到。科学家使用一种仪器可以"看到"声音，那就是示波器。下面让我们用一些简单的东西自制一个示波器，让我们也可以"看到"声音。

器材：空铝皮饮料瓶（可乐瓶）、锯（或剪刀）、气球（或橡皮膜）、细线（或皮筋）、一小块平面镜、双面胶

步骤：

1) 把一只空铝皮饮料瓶，去掉瓶盖和瓶底，用一小截铁桶也行。

2) 把气球皮用剪刀剪开，盖到铝瓶的一头，用细线或皮筋把气球皮绷紧扎牢。

3) 把平面镜用双面胶粘在绷紧了的气球皮上，使小镜子的位置在铝瓶口的一侧（不要在正中心）。这就是一个"土示波器"。

4) 在有阳光的情况下，你拿着土"示波器"站到窗口，让阳光斜射在那块小镜子上。看！小镜子反射出的阳光在墙上映出了一块光斑。墙壁就是自制"土示波器"的光屏。

5) 当你对着土"示波器"的筒口高声喊叫的时候，光屏上出现了波影！

显然，这是由于你喊出来的声波使"土示波器"的膜发生振动的结果。

这样我们就能像科学家一样"看到"声音了，这其实是利用了光的反射原理放大了振动效果让我们用肉眼直接观察到了声波，但是注意，小镜片粘在气球皮的正中心就会看不清反射光斑的振动，而粘在侧面时，气球皮的中间部分和侧边的振动幅度不同，使光斑的位置可以发生变化。

## 88. 怎样利用水和空气制作音乐

们总是很喜欢听音乐，各种不同的音符组合到一起构成了美妙的音乐。但是，我们听到的音乐总是别人为我们演奏出来的，你想不想自己演奏一首属于自己的音乐呢？那是不是需要买昂贵的钢琴呢？那么麻烦，我们不需要，只需要用杯子、自来水和一根小木棍就可以了。现在一起来试试吧。

器材：7个材质相同的杯子、水若干、小木棍

步骤：

1) 拿出一个杯子，先倒入 20 毫升的水，敲一下，仔细听音高。再倒入 40 毫升的水，听一听。体会一下，你会发现，水越多，音越低；水越少，音越高。

2) 拿出 7 个相同的杯子，先敲满杯子和空杯子，体会最低音和最高音。最满的杯子为基准的 Do 音，依次减少水量，试着调出 Do，Re，Mi，Fa，Sol，La，Si。（提示：两个杯子之间不能间隔太近。）

为什么装不同量的水就会发出不同的声音呢？原来啊，水杯内装入水后，杯子上方没有水的部分就形成了"共鸣腔"，杯子内水的高度不一样，杯子内形成的共鸣腔长短就也不一样了，而振动的共鸣腔体的大小决定着振动的频率或者说音高。你在不同的水杯里倒入不等量的水就是在改变每个杯子共鸣腔体的大小，共鸣腔体大小变了，水杯振动引起共鸣腔的振动，音高也就变了。所以说各个杯子发出的声音也就会不一样，完美的音乐自己就可以做出来了！

## 89. 怎样用声音灭火

**发**生火灾怎么办？你的第一反应一定是"泼水"啊！不过，近日美国科学家用一种你意想不到的方式把大火给扑灭了，你知道科学家采用的什么方式吗？"声音"，对，科学家就是用声音扑灭了大火。你相信吗？下面，我们也来试一试，看看效果好了！

器材：硬纸、剪刀、胶水、蜡烛、桌子

步骤：

1) 先从硬纸上剪下一张边长为 20 厘米的正方形，把它卷成一个直径约 5 厘米的圆筒，用胶水把纸筒的接缝处粘牢。

2) 再从硬纸上剪下两个直径约 6 厘米的圆，在其中一个圆的中心处剪一个直径约 1.5 厘米的小圆洞。

3) 然后把两个圆粘到纸筒两端把纸筒的两端堵住，使它形成一个圆柱形的纸盒（注意：一定要把黏合处粘牢，千万不要使接缝处漏气）。

4) 把一支点燃的蜡烛固定在桌子上。

5) 用左手握住圆纸盒，把它拿到离蜡烛约一臂远的地方，并且使盒盖上的洞对准蜡烛的火焰。

6) 用右手的食指不停地弹圆纸盒的盒底，使圆纸盒发出了"扑扑"的声音。

7) 不一会儿，你就会发现蜡烛的火焰熄灭了。

这是不是很神奇呢？真的是声音把火给扑灭了吗？不相信的话，你可以再试几次。原来，杯底产生了声音，声音又是一种波，而声波是有压力的。在这个压力的作用下，火焰便被"压"灭了。这就是声音灭火器的道理。而且科学家还发现，声音可以提高空气的流动速度，使燃烧物非常快速地烧尽，这样，火势就可以很快被我们控制了。

## 90. 怎样检验真空不能传声

我们知道，广袤的太空一片寂静，听不到任何声音，那是因为太空是真空状态，连航天员也只能用无线电交流。但是真空真的不能传播声音吗？下面让我们做一个小实验验证一下。

器材：空罐头瓶、空碳素笔芯、胶水、螺丝钉、音乐贺卡、发光二极管、导线、细线、两用抽气机发光

步骤：

1) 把空罐头瓶的盖子取下，打两个 0.3 毫米的孔，其中一个插入空碳素笔芯，另外一个固定一个螺丝，然后用胶水密封。

2) 在音乐贺卡上连接一个发光二极管，这就成为声光音乐卡。然后用细线系住声光音乐卡并悬挂在瓶盖上的螺丝上，声光音乐卡不要碰到罐头瓶为好。

3) 接通电源，可以听到悦耳的声音，看到亮光，然后把声光音乐卡放入罐头瓶里，并检查瓶盖的气密性，这时仍可以听到悦耳的声音和看到二极管闪闪发光。

4) 把两用抽气机的口和瓶盖上的碳素笔芯外口相接，然后向外抽气。这时，可以发现灯光的亮度不发生变化，音乐卡的声音慢慢变小；反之，让空气进入瓶中，灯光的亮度还是没有发生变化，而音乐卡的声音慢慢变大。

这样，我们就知道真空不能传声了。

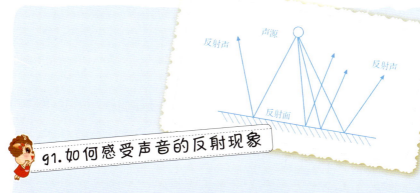

## 91. 如何感受声音的反射现象

声音和光线一样，遇到障碍物是会反射的，我们在山谷中说话时，总是可以听到自己说话的回声。这就是因为声音在山谷中传播时遇到远处的山峰，又被反射回来，我们就听到了回声。但是，在城市里，很多物质都会吸收声音，使这种声音的反射现象变得不明显，以致我们观察不到。现在，我们就来用实验感受一下声音的反射吧！

器材：玻璃圆筒（直径约8厘米，高约40厘米）、平面镜、棉线、海绵、表

步骤：

1）在玻璃圆筒底部垫上一块海绵，海绵上放一块表，耳朵靠近玻璃圆筒正上方数厘米处，能清晰地听见表声。

2）耳朵离开玻璃圆筒上端口处，平行于玻璃圆筒站立，发现听不到声音。

3）在玻璃圆筒的上方倾斜着用棉线吊一块平面镜，改变平面镜角度，使我们可以从镜面里看到玻璃圆筒底部的表，并固定平面镜的角度。我们仍站在刚刚的位置，平行于玻璃圆筒，这时，又能清晰地听见表声了。

开始时，我们使耳朵靠近玻璃圆筒的正上方，声音沿着直线传播，正好传播到我们的耳朵中。然后，我们的耳朵偏离了圆筒的上方，声音没有遇到障碍物，自然，我们就听不到声音了。最后我们在圆筒上方放置一块镜子，声音的传播方向就发生了改变，就像乒乓球撞到板子后会反弹回来一样，声音就反射到了我们的耳朵，这就是声音的反射。

## 92. 怎样简单测声速

**在** 雷雨天气,我们都是先看到闪电然后才听到雷声,但是闪电和雷鸣其实是同时发生的,只是因为光速比声速快才产生这种现象。光速约30万千米/秒,而声速只有340米/秒,光速太快而难以测量。现在我们来简单地测一下声速。这个实验需要两个人配合完成。

器材:手机两部、铜锣或者小鼓(其他能发出较大声响的器材也可以)、计时器、皮尺

步骤:

1)想办法量出5000米的直线距离,你和你的搭档分别拿一部手机站在两端。

2)在你说开始后三秒你的搭档敲击铜锣(要发出较大声响)。

3)你第一次通过手机听到敲击时按下计时器,第二次听到敲击时再次按下计时器。

4)记录下数据进行计算。根据公式时间乘以速度等于路程,这样就能计算出声速了。

其实这个实验也是利用了光速比声速快的原理,由于光速太快所以在手机中第一次听到响声的时间可以看作声音的发出的时间,当然在第二次听到响声的时间就是声音传到你耳朵的时间。但是在这个实验中还要注意几点,为了让测量结果尽量准确,计时要精确到0.01秒,测量距离时要尽可能准确,选择场地时尽量选择无风的狭长地带,而且如果能多测几次求平均值,这样的结果会更准确。通过这个方法就能简单且相对准确地测量出声速了。

## 93. 共鸣实验怎么做

唐朝时，洛阳某寺院里一个和尚得到了一个磬，他视为至宝，放在房中。不料那磬常常无故自鸣，尤其是半夜里会突然发出声音，实在吓人。这个和尚疑神疑鬼可是又不敢乱动，害怕是妖魔作祟招致更大的祸害。他又忧又急，竟生起病来了。他有一个朋友当时是大乐令。这个朋友只是拿一个锉子把磬锉薄。但磬从此再也没有出现无故自鸣的现象了。后来朋友解释根本不是闹鬼，只是磬与钟发生了共鸣而已。这就是共鸣现象，下面让我们自己验证一下共鸣现象。

器材：相同的玻璃杯两个、水、一根铜丝、一根筷子

试验方法：

将两个玻璃杯放在桌子上相距3厘米处，在杯子中注入相同的水（或用筷子敲击杯子，两个杯子发出的音调相同时停止注水）。将铜丝放在第一个杯子上，敲击第二个杯子，会发现第一个杯子也会振动。

在这个实验中要观察到明显的现象，需要让两个杯子发出的音调相同，并调整两个杯子的距离，远近适宜。

## 94. 一个铃铛可以发出几种声音

小时候，爸爸妈妈总是会在我们的胳膊上佩戴一个带铃铛的小镯（zhuó）子，我们一摇动胳膊就发出"丁零零"的声音。无论怎样摇动铃铛，总是只发出"丁零零"的声音，从没有第二种声音出现，难道一个铃铛只能发出一种声音吗？事实上，我们可以让铃铛发出两种声音。到底是怎么回事，我们一起来试一试吧！

器材：一个铃铛、一根表面光滑的木棍

步骤：

1）以正常的方式摇动铃铛，铃铛发出了清脆的声音。

2）用右手握住铃铛的手柄，注意手不要触摸到铃身。

3）铃口朝下，另一只手拿着木棍并让它紧贴着铃铛的底端沿着周边做持续的圆周运动，这时，铃铛发出了一种"嗡嗡"的声音。

4）当铃铛发出了"嗡嗡"的声音时，拿开木棍，再次摇动铃铛，可以听到铃铛发出了"丁零零"和"嗡嗡"两种声音。

铃铛能发出两种声音是因为铃铛发生了两种振动。摇动铃铛时，铃舌重击铃铛壁，使得铃铛发出清脆的"丁零零"声。木棍紧贴着铃铛的底端做圆周运动时，对铃铛产生了许多细小的撞击，这种细小的撞击声音每秒钟振动多次，使得铃铛发出了另外一种"嗡嗡"声，这就是铃铛会有两种不同声音的原因。

##  95. 影响音调高低的因素是什么

**声**音有高有低，有些声音高得震耳，有的声音低得几乎都听不到，那么，是什么东西影响着声音音调的高低呢？难道就是我们把音响后面的按钮转一转，音调就改变了，是按钮决定了声音音调的高低？我们做个实验来探究一下吧！

器材：桌子、钢尺

步骤：

1）将一把钢尺紧按在桌子的一边，让其一端伸出桌子的边缘，拨动钢尺。

2）观察钢尺振动的快慢，仔细地倾听钢尺发出的声音并感受声音大小。

3）把钢尺拉出来一些，缩短尺子在桌子上的部分，再次拨动钢尺，观察这次钢尺振动快慢和上一次的区别，感受声音音调的大小。

4）再把尺子缩回去，加长尺子在桌子的部分，拨动钢尺。仔细听声音音调的大小，观察钢尺振动的快慢。

通过尺子来回移动，并拨动钢尺，我们可以清晰地感受到每一次声音的音调都是不一样的，而且每一次声音振动的快慢也不一样。这就说明声音音调的不同是和物体振动的频率大小有关的。物体振动越快，频率越高，音调也就越高；物体振动越慢，频率越低，音调也就越低。我们来回不停地拉动钢尺，钢尺被拨动后的振动频率也就不一样了，最后钢尺发出的声音音调也就高低不一了。所以说，不是按钮决定了音调高低，而是按钮改变了声源振动的频率。

## 96. 影响声音强弱的因素是什么

**响**度，就是我们人类主观上感觉到的声音的强弱，它和音调是不一样的。音调是由声源振动的频率决定的，那么声音的响度是由什么决定的呢？你知不知道呢？我们依旧来动手试一下。

器材：音叉、细线、一个乒乓球、比较高的悬挂物

步骤：

1）用细线捆绑住乒乓球，使细线可以拉起乒乓球。

2）将悬挂乒乓球的细线拴在悬挂物上，同时将音叉放置在乒乓球下面，使音叉恰好能够碰到乒乓球。

3）轻轻地敲击音叉，仔细听音叉发出的声音，观察乒乓球弹起的幅度并记录。

4）用适当的力敲击音叉，倾听声音并观察乒乓球弹起幅度并记录。

5）用大力敲击音叉，倾听声音并观察乒乓球弹起幅度并记录。

现在，我们可以发现，当我们使用不同的力气敲击音叉的时候，乒乓球弹起的幅度大小也不相同，音叉发出声音的响度也不相同。这是因为发声体的振动幅度影响响度的大小，振幅越大，响度也就越大。我们使用不同大小的力气敲击音叉，音叉的振动幅度就跟着改变。我们肯定注意过，我们敲击物体的力气越大，物体振动幅度也就越大，就像我们荡秋千时，推的力气越大，我们荡得就越高。而后，乒乓球又将音叉微小的振动现象放大变明显，我们就可以清楚地看到结果了。振幅越大，响度也就越大！

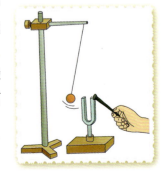

## 97. 如何自制小笛子

你有没有注意到，我们将一杯饮料快要喝完的时候，奋力吸，吸管总是会发出"咕噜噜"的声音。这是因为我们在吸饮料的时候就会把空气和液体一起吸到吸管里。这时，空气就会调皮地在吸管里跳跃，与吸管发生摩擦、振动，然后产生声音。利用这个现象，我们可以利用吸管自己做出一个小笛子。

器材：吸管、剪刀、圆钉、指甲剪

步骤：

1) 把吸管剪下3厘米长，把其中一端压扁，另一端保持圆孔型，做成哨口套。

2) 把圆钉的钉帽用火烤热（注意不要烫伤自己），迅速地在剩下的吸管上等距离地烫出7个孔，注意不要把两面都烫穿了。

3) 用指甲剪把圆孔周围熔化的塑料剪掉。

4) 把做好的3厘米长的哨口套在烫好孔的吸管上，一个自制的小笛子就做好了。

为了管身坚固耐用，我们可以用一到两只哨口套在做好的哨子外面，吹孔处不包。我们可以吹一吹试试哟！调整气息，可以发出13个音呢！口型和吹其他管乐器相同，7个孔都不漏气格能吹出筒音，吹哪个音，上面的孔都不准漏气。用你做好的吸管可以吹奏出完整的曲子了。你试试吧。

互动问答
Mr. Know All

001. 我们怎样感受声音？

A. 看到
B. 摸到
C. 听到

002. 用鼓槌击鼓的时候，声源是什么？

A. 鼓槌
B. 空气
C. 鼓皮

003. 声音到底是什么？

A. 物体
B. 反应
C. 运动

004. 身体的哪一部分能将声音转化为大脑可识别的信号？

A. 大脑
B. 内耳
C. 头骨

005. 为什么敲鼓时听到了鼓声，同时能感受到鼓面的振动？

A. 连锁反应
B. 振动才能产生声音
C. 两个现象没有关联

006. 只有音叉产生声音是源于振动吗？

A. 是
B. 可能是
C. 不是

007. 我们可以通过什么"看到"音叉的振动？

A. 乒乓球
B. 水波
C. 桌面

008. "现象放大法"又叫什么法呢？

A. 观察法
B. 转换法
C. 思考法

009. 关于声源，下列哪个说法是正确的？

A. 正在振动的物体都是声源
B. 正在发声的物体是声源
C. 正在传播的物体是声源

010. "能够听到声音说明物体一定在振动，在振动的物体一定是声源。"这句话对吗？

A. 不对
B. 对

011. 声音的传播需要什么？

A. 空气
B. 液体
C. 介质

012. 声源可以是固体、液体还是气体？

A. 仅固体
B. 仅气体
C. 固体、液体和气体都可以

013. 在语言中，"波动"被用来形容什么？

A. 不稳定，上下起伏
B. 暴躁
C. 摇晃

014. 在物理学上，波动是什么？

A. 波动是一种常见的物质运动形式
B. 波动是一种上下起伏的运动
C. 波动是海浪的翻滚

015. 下列关于"机械波"的说法，哪个是错误的？

A. 物质的振动就是机械波
B. 机械振动在介质中的传播，被称为机械波
C. 水面波动也是机械波的一种

016. 声音波长越短，听起来音调是怎样的？

A. 越低
B. 越闷
C. 越高

017. 声音是具有能量呢？还是传递能量？

A. 传递能量
B. 具有能量
C. 既具有又传递

018. 歌唱家是怎样"唱破"酒杯的？

A. 当歌唱家唱出高音时，就会传递出能量，引起酒杯的振动，从而破碎
B. 歌唱家有神功
C. 杯子质量有问题

019. 怎样证明声音能够传递能量？

A. 在音箱喇叭口处，放块平板，上面放一些小纸团，然后播放音乐，会观察到这些小纸团在跳动
B. 敲击音叉，音叉在振动
C. 敲击鼓面，鼓面发出声音

020. 声波除尘机利用了什么原理？

A. 声音产生能量
B. 声音传递能量
C. 声音是由振动产生的

021.波动分为哪两种？

A.上波和下波

B.左波和右波

C.横波和纵波

022.横波是什么？

A.横波是质点的振动方向与波的传播方向相互垂直

B.横波是质点的振动方向与波的传播方向一致

C.横波是质点的振动方向与波的传播方向无关

023.下列关于纵波的说法错误的是哪一项？

A.纵波是质点的振动方向与传播方向一致的波

B.纵波只能在固体中传播

C.纵波能在所有的介质中传播

024.下列关于横波的说法正确的是哪一项？

A.横波能在液体里传播

B.横波只能在固体中传播

C.横波只能在液体里传播

025.下列关于频率的说法正确的是哪一项？

A.完成一次振动需要的时间

B.1秒内完成振动的次数

C.振动完成后又恢复初始状态的现象

026.下列关于振幅的说法错误的是哪一项？

A.振动物体离开平衡位置的最大距离叫振动的振幅

B.振幅描述了物体振动幅度的大小和振动的强弱

C.振动物体离开平衡位置的距离叫振动的振幅

027.什么是固有频率？

A.一个物体本身发生振动的频率是固定的，这一频率就是固有频率

B.物体按固定的频率振动，即为固有频率

C.两物体振动的频率一样，即为固有频率

028.固有频率与共振频率相同吗？

A.完全一样

B.完全不一样

C.数值相等

029.共振有没有危害?

A.没有
B.有
C.可能没有

030.雪山上为什么不能大喊?

A.可引起山顶积雪的共振,造成一场大雪崩
B.会影响动物
C.雪山规定不允许

031.怎样预防共振?

A.禁止声音传播
B.改变声音传播方向
C.让驱动力的频率与振动物体的固有频率产生差异,而且它们之间相差越大越好

032.电影院一般怎样预防共振?

A.降低电影声音
B.加装一些海绵、塑料泡沫或布帘
C.加固座椅

033.关于共振的说法,正确的是哪一项?

A.共振有很多危害,我们要尽可能地远离它
B.共振一般只会造成雪崩、车祸、桥梁房屋倒塌
C.吉他内的共鸣箱是人们对共振现象的应用

034.中国最早在何时发明了共鸣器?

A.宋代
B.唐代
C.战国时期

035.嗡嗡声的响度差不可以来识别敌人什么?

A.方向
B.人数
C.远近

036.微波炉中的微波是什么波?

A.具有2500赫兹左右频率的光波
B.具有2500兆赫兹左右频率的电磁波
C.具有4000赫兹左右频率的电磁波

037.为什么耳朵放在热水瓶口能听到嗡嗡声？

A.空气柱共鸣

B.空气传播能量

C.空气摩擦

038.什么是空气柱？

A.容器里的空气

B.大自然里的空气

C.呼吸的空气

039.寂静的夜晚有没有声音？

A.没有

B.可能有

C.一定有

040.振动频率越高，声音会怎样？

A.越响亮

B.越缓慢

C.越低沉

041.中国跳水运动是在何时发明的？

A.明朝以前

B.唐朝以前

C.宋朝以前

042.关于跳板的上下起伏，那种说法正确？

A.是一种波动

B.不是波动

C.起伏的伏度越大越好

043.什么样的情况下，运动员才能"完美弹出"？

A.步伐的快慢和跳板的起伏频率不同

B.步频和跳板形成共振

C.用最大的力向下压跳板

044.什么情况下跳板和运动员的力量会冲撞抵消？

A.步伐尽可能地大

B.步频和跳板形成共振

C.步频和跳板的起伏频率不同

045.声音共有哪几个主要特性？

A.音乐、噪声、响度

B.音调、响度、音色

C.声调、特色、音乐

046.响度也称什么？

A.音量

B.大小

C.高低

047. 通常我们说的高音和低音，是由什么区分的？

A. 音色
B. 响度
C. 音调

048. 人耳能够听到的声音通常在什么范围内？

A. 20～20000 赫兹
B. 20～30000 赫兹
C. 10～20000 赫兹

049. 形容物体数量多少的词称为什么词？

A. 动词
B. 名词
C. 量词

050. 形容声音大小的物理量是什么？

A. 响度
B. 分贝
C. 频率

051. 1 贝尔等于多少分贝？

A. 3 分贝
B. 6 分贝
C. 10 分贝

052. 超过多少分贝，会影响我们的睡眠？

A. 30 分贝
B. 45 分贝
C. 40 分贝

053. 空气有没有质量？

A. 没有
B. 有
C. 在特定情况下才有

054. 每立方米的空间内，标准大气压下，空气有多重？

A. 1.29 千克
B. 143 千克
C. 1.56 千克

055. 声音有没有质量？

A. 没有
B. 有
C. 在特定情况下才有

056. 下面哪种说法正确？

A. 空气虽然看不见摸不着，但是有质量
B. 所有的波都没有质量
C. 所有的物质都有质量

057.下列关于声音的波长、频率及音调的说法中，哪一项是错误的？
- A.声源远离观测者，波长增加，频率变小，音调变低
- B.声源靠近观测者，波长增加，频率变小，音调变高
- C.声源靠近观测者，波长减小，频率变大，音调变高

058.什么是"多普勒效应"？
- A.声音相对于观测者运动时，声源振动频率会发生变化
- B.声源相对于观测者运动时，观测者听到的声音频率和声源频率是不相同的
- C.声音相对于观测者运动时，人耳会出现问题

059.下列关于多普勒效应的应用说法正确的是哪一项？
- A.超声频移诊断法是利用的声音可以传递能量的原理
- B.血液朝着超声源运动时，反射波的波长就会被压缩，其频率也会随之减小
- C.医院使用的彩超也是多普勒效应的应用

060.声音怎样进入我们的耳朵呢？
- A.一经产生我们就能听到
- B.经过空气传播
- C.只有经过空气传播才能进入我们的耳朵

061.拿抽气机把玻璃罩杯中的空气慢慢抽出来，听到的声音会越来越弱，这是为什么？
- A.闹钟坏掉了
- B.玻璃隔声
- C.真空不传声

062.声音的传播需要什么？
- A.真空
- B.不需要
- C.介质

063.将用塑料袋包好的闹钟放置在水中，也依然可以听到声音，这说明什么？
- A.液体也是可以传声的
- B.闹钟质量好
- C.塑料袋有神奇功能

064.中国有载人航天飞船吗？
- A.有
- B.没有
- C.未发射成功

065. 在哪艘航天飞船上，我们完成了太空授课？

A. 神九
B. 神七
C. 神十

066. 月球上为什么静悄悄呢？

A. 因为月球上没有生物
B. 因为月球上是真空
C. 因为声音都被吸收了

067. 宇航员通过什么在太空交流呢？

A. 无线通信设备
B. 完全手语
C. 手机

068. 下列关于声音传播的说法，错误的是哪一项？

A. 声音的传播不需要时间
B. 声速比客机速度快
C. 声音传播需要介质

069. 声音在空气中传播的速度一般是多少？

A. 340米/秒
B. 360米/秒
C. 380米/秒

070. 声音在哪种介质下传播速度最快？

A. 气体
B. 液体
C. 固体

071. 声音的传播速度都和什么有关？

A. 介质状态和介质大小
B. 介质状态和介质重量
C. 介质状态和介质温度

072. 如果一个人在空铁管的一端敲一下，另一个人耳朵贴在铁管的另一端，能听到几声响？

A. 三声
B. 一声
C. 二声

073. 如果一个人在装满水的铁管的一端敲一下，另一个人耳朵贴在铁管的另一端，能听到几声响？

A. 三声
B. 一声
C. 二声

074. 在装满水的铁管的一端敲一下，铁管另一端的人听到的第二声响是由哪种介质转播过来的？

A. 水
B. 空气
C. 铁管

075. 振动一次能产生几次声音？

A. 二次
B. 三次
C. 一次

076. 为什么两人距离较远时会听不清对方发出的声音？

A. 声音转弯了
B. 人耳只能听到几米范围内的声音
C. 声音会发生衰减

077. 导致声音衰减的原因是什么？

A. 扩散和传播
B. 扩散和吸收
C. 吸收和传播

078. 声音覆盖的范围越来越广，其能量就越来越分散，所以强度也会越来越怎样？

A. 大
B. 小
C. 不变

079. 我们怎样降低厂房内的噪声？

A. 在车间四周放置光滑的镜面
B. 在车间四周放置海绵类的松软多孔的材料
C. 把窗户关紧

080. 我们的眼睛能够发光，直接看到物体吗？

A. 不能
B. 能
C. 白天能

081. 声波可以发生反射吗？

A. 不能
B. 能
C. 一般情况下都不行

082. 所有的波都能反射吗？

A. 只有光波能
B. 声波光波可以
C. 所有的波都能反射

083.下列工具哪个不是利用声音的反射原理制作的？

A.传声筒

B.歌厅的反射板

C.乐器

084.回音是一种什么现象？

A.特异现象

B.声音的折射现象

C.声音的反射现象

085.回音的产生需要什么条件？

A.反射回来的声源与听到的原声源的时间差小于0.1秒

B.反射回来的声音与我们听到的原声源的时间差超过0.1秒

C.反射回来的声波要清晰

086.为什么我们在家里听不到回音？

A.因为在家说话声音小

B.因为距离短，反射回来的声音与听到的原声源的时间差小于0.1秒

C.因为回音只能在大自然里产生

087.下列关于"回声消除"，说法正确的是哪一项？

A.回声无法消除

B.回声消除很简单，一学就会

C.想要了解回音消除，需要具备深厚的理论基础和特殊的专业知识技能才能做到

088."回音壁""三音石"在哪里？

A.北京

B.上海

C.南京

089.在回音壁上，我们若想让声音传得远、听得清必须怎样做？

A.与墙壁垂直说话

B.贴着墙壁说话

C.大声地叫喊

090.为什么贴在回音壁上说话，声音会传得远，还听得很清楚呢？

A.因为回音壁的整个围墙砌得十分整齐光滑，贴着墙壁说话，声音就会形成"全反射"

B.因为回音壁有魔力

C.因为回音壁封闭性太好，声音在这里出不去

091. 为什么站在三音石上鼓掌一次，可以连续听到三次回音？

A. 因为三音石处在围墙的中心，声音等距离来回反射，就多次听到了声音

B. 由于声音在不同的介质中传播的速度不同，先在人体中传播，然后在空气中传播，又在墙壁中传播

C. 听到的第一声是声音在身体内传播的声音，第二声是反射的声音，第三声是在墙壁上传播的声音

092. 下列关于衍射的说法错误的是哪一项？

A. 衍射也是波的一种特有现象
B. 所有的波都能发生衍射
C. 只有声波能发生衍射

093. 什么样的声波能够完全透过孔隙？

A. 波长大，频率高
B. 波长大，频率低
C. 波长小，频率高

094. 什么情况下声波的衍射现象越明显？

A. 孔隙越大，波长越大
B. 孔隙越小，波长越大
C. 孔隙越小，波长越小

095. 站在墙外面可以听到墙内的人说话，这主要是因为什么？

A. 声波发生了反射
B. 声波发生了衍射
C. 声波在墙壁里传播

096. 当声音遇到声音时，会发生哪种波特有现象？

A. 衍射
B. 干涉
C. 反射

097. 是不是所有的波都会发生干涉？

A. 是
B. 不是
C. 不确定

098. 当两列波相遇后，它们的波形和行进速度会怎样呢？

A. 增大
B. 减小
C. 不变

099. 虎蛾是通过什么来保护自己的？

A.发出声波，与蝙蝠的声波相遇后产生干涉，使蝙蝠的定位系统发生紊乱，保护自己
B.发出声波，使蝙蝠误以为是强悍的生物，远离它，保护自己
C.产生一种与环境相同的颜色，掩护自己

100. 汽车上的什么装置能够降低排气噪声？

A.发动机
B.消声器
C.排气管

101. 汽车排气管是由几个长度不同的管道构成的？

A.两个
B.三个
C.四个

102. "抗性消声器"是利用什么原理消声的？

A.声波的干涉
B.声波的折射
C.声波的反射

103. 汽车排气系统加上消声器，可使汽车排气噪声降低多少分贝？

A.20～30分贝
B.100分贝以上
C.15～20分贝

104. 用声音测距离是利用了声音的什么性质？

A.声音反射形成回音
B.声音衍射，发出更大的声音
C.声音干涉，不改变传播的方向

105. 声音是沿着直线传播的吗？

A.不是
B.是
C.在特定情况下是

106. 当我们发出声音并听到回音时，声音在声源处和障碍物之间传播了几次？

A.一
B.二
C.三

107. 利用回声测距离，都需要知道哪些条件？

A. 声音发出和返回共用的时间与声音传播的介质是什么
B. 声音发出和返回共用的时间与声音在介质中传播的速度
C. 声音传播的介质是什么和声音在介质中传播的速度

108. 潜水员在水下能不能进行交流？

A. 不能
B. 能
C. 借助手机和水下电话才能

109. 人类说话时，所传播的声波频率低还是高？

A. 低
B. 高
C. 中等

110. 关于水下电话，下列说法错误的是哪一项？

A. 把讲话的低频信号包裹在较高频率的超声波里，发射出去
B. 频率较低的超声波信号能在海水中传播很远的距离
C. 接收方利用水听器拾取超声波信号后，将我们包裹在超声波里的低频信号过滤出来，恢复成原来的讲话声

111. 水下话筒是将声波转化为电信号吗？

A. 一般情况下是
B. 是
C. 不是

112. "鱼群探测仪"是什么？

A. 一种专门用来检验未知鱼群种类的电子设备
B. 一种专门用来探测水下鱼群分布情况的电子设备
C. 一种用来检验渔船是否会碰撞到鲨鱼的设备

113. "鱼探仪"是怎么知道水中鱼群分布情况的呢？

A. 鱼身上有特殊物质会发光
B. 坚硬的鱼鳞以及鱼腹内充满空气的鱼鳔，能强烈地反射声信号
C. "鱼探仪"可以吸引鱼群围绕其周围

114. "鱼探仪"怎样判断鱼群与船之间的距离？

A. 根据接收到反射信号的波长测定
B. 根据发射信号与接收到反射信号的时间间隔测定
C. 根据接收到反射信号的图形大小测定

115. "鱼探仪"怎样判断鱼群的大小?

A. 根据接收到反射信号的图形大小测定

B. 根据发射信号与接收到反射信号的时间间隔

C. 根据接收到反射信号的波长大小

116. 光线在海水中能传播多远?

A. 几米远

B. 几十米远

C. 几百米远

117. 超声波在海底可以传播多远?

A. 50~800米

B. 200~800米

C. 200~2000米

118. 声呐接收到的不同物体返回的声信号相同吗?

A. 相同

B. 有可能相同

C. 每一种物体的声信号的强度和频谱信息都不一样

119. 声呐分为几种?

A. 一种

B. 二种

C. 三种

120. 在我们使用不同频率的回声测深仪测同一地点的海深时结果不一样,这是为什么?

A. 因为仪器有问题

B. 测量手法有问题

C. 海底的淤泥对不同频率的声波的反射能力也不同

121. 淤泥对声波的反射有何不同?

A. 对高频声波的反射能力很弱,对低频声波的反射能力则很强

B. 对高频声波的反射能力很强,对低频声波的反射能力则很弱

C. 对高频声波的反射能力很强,对低频声波则完全不能反射,全部吸收

122. 同时发射高低两种不同频率的声波,接受的反射信号之间的距离差代表什么?

A. 淤泥层的厚度

B. 高低频声速不一样

C. 仪器出现了问题

123. 想要测出海面到坚硬海底的距离,我们应该使用什么样的声波?

A. 高频波

B. 低频波

C. 超声波

## 十万个为什么

**124.** 听诊器前端有什么结构？
A. 管道
B. 膜腔
C. 探测仪

**125.** 听诊器内的腔道设计成什么样的呢？
A. 宽大
B. 窄细
C. 圆长

**126.** 气体在腔道里的振动幅度比在外界的振动幅度大还是小？
A. 小
B. 一样
C. 大

**127.** 声音在什么介质中传播时，能量几乎不会衰减？
A. 水中
B. 空气中
C. 重金属中

**128.** 《命运交响曲》是谁创作的？
A. 贝多芬
B. 肖邦
C. 莫扎特

**129.** 贝多芬在创作《命运交响曲》时，是什么身体情况？
A. 失明
B. 瘫痪
C. 耳聋

**130.** 耳聋的贝多芬是怎样听到音乐的？
A. 用嘴巴叼着一根木棍，使木棍的另一头放在钢琴上，通过骨传声
B. 将耳朵紧紧地贴在钢琴上
C. 靠自己脑海中的想象

**131.** 贝多芬耳聋后，听声音运用了什么原理？
A. 声音可以传播能量
B. 声音可以通过固体传播
C. 声音在木棍里不会衰减

**132.** 超音速飞机，在天空中飞行时，会发出怎样的声音？
A. 隆隆的轰鸣声
B. 像打雷一样的声音
C. 晴天霹雳的声音

**133.** "音爆"什么时候会出现？
A. 在飞机进行超音速飞行时
B. 飞机飞行时
C. 巨大的雷声

134.关于超音速飞机,下面说法错误的是哪一项?

A.超音速飞机飞行时,空气搅动传递速度慢,飞机会遇上较大的阻力

B.超音速飞机飞行时会穿越时空

C.超音速飞机飞行时,会像撞上一堵墙一样,发出音爆声

135.我们在飞行的超音速飞机上可以听到"音爆"吗?

A.不可以
B.可以
C.有时可以

136.是什么现象启发了贝尔有了发明电话的灵感?

A.触动电报机磁铁上的弹簧时,弹簧发生了振动,同时另一间房间的弹簧也发生了振动

B.两个薄金属片,用电线相连,一方发生声音时,金属片振动,变成电

C.在金属箔上反向的拨动针,针在金属箔上刮擦产生的振动又会使隔膜运动,声音就会重现

137.是什么把振动从一个房间传到另一个房间?

A.磁场
B.电流
C.声音

138.电话里的声音以电流的形式,沿着什么传到对方的耳朵里?

A.空气
B.话筒
C.电线

139.什么时候贝尔申请电话专利成功?

A.1876年3月7日
B.1874年3月7日
C.1876年8月7日

140.麦克风内部是由什么构成的?

A.一个线圈和一个被线圈包围的磁芯
B.铁片和弹簧
C.振膜和线圈

141.物理上著名的"磁生电"现象是什么?

A.磁芯移动形成变化的电流
B.线圈与磁芯的摩擦形成电流
C.磁芯发电

142.磁场产生的电流变化规律由什么决定?

A.磁芯大小
B.线圈长短
C.声音

### 143.声音怎样重现？

A.使笔沿着纸上的痕迹反向运动，笔产生的振动会使隔膜运动，声音就会重现

B.在金属箔上反向拨动针，针在金属箔上刮擦产生的振动又会使隔膜运动

C.两个薄金属片，用电线相连，一方发生声音时，金属片振动，变成电

### 144.灯泡是什么使它发光的？

A.热量

B.摩擦

C.电能

### 145.声音可以使液体发出光亮吗？

A.一定可以

B.不可以

C.在一定条件下可以

### 146.当强大的声波作用于液体的时候，液体中会产生什么现象？

A.声空化

B.声液化

C.声汽化

### 147.当"声空化"产生的气泡坍塌到一个非常小的体积时，内部的温度可以超过多少摄氏度？

A.15万

B.10万

C.20万

### 148.显露在外面，我们通常所说的耳朵是耳朵的哪一部分？

A.耳垂

B.耳廓

C.耳道

### 149.耳朵内蜗牛壳状的管道，内部充满液体的是哪一部分？

A.鼓膜

B.锤骨

C.耳蜗

### 150.耳朵内的纤毛是否可以看见？

A.看不到

B.肉眼可见

C.显微镜下可见

### 151.鼓膜和耳蜗直接相连吗？

A.是

B.不是

C.有的是，有的不是

152. 长在脑袋两侧、用来听声音的器官叫什么？

A. 耳门
B. 耳廓
C. 角

153. 耳朵由几部分构成？

A. 一
B. 两
C. 三

154. 中耳里都包括哪些小机构？

A. 鼓室和咽鼓管
B. 耳道和鼓室
C. 耳道和鼓膜

155. 内耳包括哪些小器官？

A. 鼓膜、耳蜗和半规管
B. 耳蜗、半规管和前庭
C. 耳蜗和半规管和鼓室

156. 人类为什么有两只耳朵，下列说法错误的是哪一项？

A. 符合人类审美观
B. 上帝给我们造了两只耳朵
C. 物竞天择，适者生存

157. 长在身体两侧的器官一般有几个？

A. 一个
B. 两个
C. 三个

158. 我们的耳朵是由什么进化而来？

A. 一个听东西的管子慢慢进化而来
B. 由头上的角进化而来
C. 一个会呼吸的管子慢慢进化而来

159. 一只耳朵听得清楚，还是两只耳朵听得清楚？

A. 一只
B. 两只
C. 一样清楚

160. 剧场里的音乐效果好，还是家里音响效果好？

A. 剧场里
B. 家里
C. 一样好

161. 音乐厅的音乐好听有几方面原因？

A. 一方面
B. 两方面
C. 三方面

**162.** 音乐厅里的墙面和家里的石灰墙一样吗？

A.一样

B.不一样

C.有的一样，有的不一样

**163.** 音乐厅内的墙面是光滑的吗？

A.不是

B.是

**164.** 掩蔽是什么意思？

A.一个东西遮着了另一个东西，我们看不到被遮挡的东西

B.层层叠叠很多东西

C.衬托另一件东西的美好

**165.** 什么是人耳的"掩蔽效应"？

A.是指一种人类大脑的现象

B.耳朵被某种物体覆盖了

C.一个较弱的声音被一个较强的声音所掩盖

**166.** "掩蔽效应"在生活中常见吗？

A.不常见

B.非常常见

C.一般情况下看不到

**167.** 人耳的"掩蔽效应"是不是没有什么用处呢？

A.是

B.不是

**168.** 声音共有几种传播方式？

A.一种

B.二种

C.三种

**169.** 声音除了通过空气传播给我们的大脑以外，还能通过什么传播？

A.牙齿

B.颅骨

C.血液

**170.** 我们说话时自己听到的声音是通过什么传播的？

A.颅骨

B.牙齿

C.空气

**171.** 我们怎样听到机械表的钟摆声？

A.随时都可以听到

B.让周边环境安静

C.用牙齿咬着

172.耳朵可以有选择地聆听声音，这是人耳的什么效应？

A.颅骨效应
B.多普勒效应
C.鸡尾酒会效应

173.下列关于"鸡尾酒会效应"说法错误的是哪一项？

A.这是一种听觉现象
B.你只能听到和你有关的声音，其他声音都停止了
C.背景乐声音较大的环境下也能无障碍地进行交流

174."鸡尾酒会效应"是人耳独有的特性吗？

A.是
B.不是

175.如果周围环境的声音远远大过我们交流的声音，你还可以听到吗？

A.能
B.不能

176.耳朵进水后，还能听清楚声音吗？

A.能
B.不能
C.能听清，但耳朵很难受

177.下列说法错误的是哪一项？

A.如果耳朵进了水，就会挡住声波的去路，声波不能再向里面传播
B.耳朵进入水分，声波会绕过水分传播，不会影响听力，但会损害身体
C.当声波碰到这些耳朵里的水后，声音就会有一部分反射出来，进入耳朵继续传播的声音能量就会减少

178.如果我们在耳朵上塞一团棉花，声音在外耳道处碰到棉花，能量会怎样？

A.减少
B.不变
C.增加

179.如果耳朵进水，下列哪种做法是不对的？

A.用棉签小心地伸进外耳道轻轻转动把水吸出来
B.耳朵里进了水，我们可以侧过脑袋，使进水的耳朵朝下，同时提起对侧的脚，跳几跳
C.使劲掏耳朵

## 十万个为什么

180. 人体的哪个器官可以进行声音的处理？

A.耳朵
B.大脑
C.眼睛

181. 外界的声音进入耳朵，人体会作出反应吗？

A.会
B.不会

182. 睡觉的时候大脑会对外界的声音有反应吗？

A.会
B.不会

183. 声音分贝很大时，大脑会有什么反应？

A.醒来
B.做梦
C.没反应

184. 婴儿出生时有听力吗？

A.有
B.没有

185. 为什么新生儿的听力比较低下？

A.因为耳朵太小了
B.因为耳朵结构没有发育完全
C.因为新生儿不喜欢声音

186. 什么时候孩子的听力基本接近大人的水平？

A.一个月后
B.三个月后
C.两岁后

187. 婴儿可以分辨出错误的音符吗？

A.可以
B.不可以

188. 关于人类和动物的听觉，下面错误的说法是？

A.有些动物没有耳朵，所以没有听力
B.人和动物的听觉不同
C.有些动物的耳朵虽然长得比较奇特，但它们同样拥有惊人的听力

189. 蝙蝠可以感受到超声波还是次声波？

A.次声波
B.超声波
C.都能感受到

190. 为什么有些动物可以提前预知地震来了？

A. 因为动物的感觉很敏锐，可以感受到大地的晃动
B. 因为动物的身体可以与灾害发生感应
C. 因为地震会发出次声波，有些动物可以听到次声波

191. 鱼的耳朵没有什么结构？

A. 外耳和中耳
B. 中耳和内耳
C. 外耳和内耳

192. 世界上所有人都能听到声音吗？

A. 是
B. 不是

193. 听力障碍通常被称为什么？

A. 耳聋
B. 耳鸣
C. 耳晕

194. 传导性耳聋是耳朵的哪个部位生病了？

A. 外耳和中耳
B. 中耳和内耳
C. 外耳和内耳

195. 世界上大概有多少人遭受着听力障碍的痛苦？

A. 整个世界的百分之一
B. 整个世界的百分之十
C. 整个世界的百分之五十

196. 是不是只要我们张开嘴巴，就能发出声音呢？

A. 是
B. 不是，还要用到呼吸器官、声带、口腔和鼻腔
C. 不是，还要用到呼吸器官、口腔、鼻腔和喉咙

197. 我们说话的整个过程需要几步？

A. 一步
B. 两步
C. 三步

198. 共鸣腔是指哪些器官？

A. 口腔和鼻腔
B. 口腔和呼吸道
C. 口腔和舌头

199. 声带拉得越紧，声音会怎样？

A. 越大
B. 越小
C. 不变

## 200.小舌头长在哪里？

A.嘴唇上
B.喉咙中间
C.鼻子和嘴巴相通的地方

## 201.小舌头学名叫什么？

A.甲状腺
B.悬雍垂
C.扁桃体

## 202.医生观察小舌可以判断出什么？

A.病人是否肠胃不好
B.病人是否咽喉发炎
C.病人是否肾脏有问题

## 203.下列哪个不是小舌头的作用？

A.预防咽喉病变
B.防止食物钻到鼻子里去，导致窒息的发生
C.帮助医生诊断病人的咽喉有没有发炎

## 204.我们的身形能够直接影响声音的高度吗？

A.能
B.不能

## 205.身形通过什么器官和声音的高度发生联系？

A.喉咙
B.肝脏
C.肺部

## 206.肺活量和什么有关系？

A.运动量
B.体重
C.身高

## 207.肺活量低容易唱出高音，还是肺活量高容易唱出高音？

A.低
B.高
C.一样

## 208.主持人天生就有一副好嗓子吗？

A.是
B.不是
C.不一定

## 209.所有人都可以进行声音训练吗？

A.是
B.不是
C.不一定

210.基础的声音训练分为哪两部分?

A.呼吸方法和咬字清晰
B.呼吸方法和共鸣训练
C.共鸣训练和声带摩擦

211.在练习呼吸时的方法和平时的呼吸方法一样吗?

A.一样
B.不一样

212.动物是否会打嗝?

A.有的会
B.都不会
C.都会

213.打嗝是不是一种病?

A.是
B.不是

214.胸部和腹部之间,有一个像帽子似的厚厚肌肉膜,是什么器官?

A.胸腔
B.膈肌
C.腹肌

215.膈肌是否有神经分布和血液供应?

A.无神经分布,有血液供应
B.有神经分布,无血液供应
C.有神经分布和血液供应

216.男孩子一般在几岁左右就开始变声?

A.14岁左右
B.10岁左右
C.18岁左右

217.每个人在成长阶段都会变声,对不对?

A.对
B.错

218.女孩子变声后,喉咙会变得怎样?

A.宽大
B.窄小
C.不变

219.男孩变声后音调会变得怎样?

A.尖细
B.宽厚
C.低粗

### 220. 下列关于乐音说法不正确的是哪一项？

A. 乐音是有规则的振动发出的声音

B. 乐音是按照动物的声音模拟出来的

C. 乐器可以产生乐音

### 221. 什么是音乐？

A. 声源有规则地振动，所发出的声音都是音乐

B. 乐器发出的声音都是音乐

C. 艺术家用乐音表达思想的艺术形式

### 222. 音乐分为哪两类？

A. 声乐和器乐

B. 歌唱与声乐

C. 演奏与器乐

### 223. 下列关于音乐的说法正确的是哪一项？

A. 世界上所有的声音都是音乐

B. 音乐是按照一定的规则演绎出来的

C. 音乐是杂乱无章的

### 224. 关于原始人与音乐的说法，下面错误的是哪一项？

A. 原始人是天生的音乐家

B. 原始人懂音乐，并懂得简单的乐谱和乐器

C. 音乐是从原始人的劳动节奏和劳动呼声中萌发的

### 225. 音乐是从什么时候开始出现的？

A. 秦朝时期

B. 大约 100 万年前

C. 三国后

### 226. 最原始的音乐是什么？

A. 歌曲

B. 哼唱的哨子

C. 打鼓

### 227. 夏朝创立的祭祀歌曲叫什么名字？

A. 大夏

B. 大雨

C. 雷雨

228. 世界上最古老的乐器出现在哪个国家？

A. 中国
B. 法国
C. 英国

229. 世界上最古老的乐器是什么？

A. 笛子
B. 骨哨
C. 古琴

230. 骨哨是在哪里被发现的？

A. 中国浙江余杭河姆渡遗址
B. 中国三星堆遗址
C. 中国河套文化遗址

231. 骨哨最开始被发明出来是干什么用的？

A. 音乐需要
B. 文化修养
C. 猎人打猎

232. 中国古代的四大名琴不包括哪一个？

A. 焦尾
B. 绿绮
C. 侯秀

233. 哪一把琴的尾部是烧焦的？

A. 焦尾
B. 绿绮
C. 绕梁

234. 哪一把琴帮助主人缔结了良缘？

A. 焦尾
B. 绿绮
C. 绕梁

235. 哪一把琴差点误了国事？

A. 焦尾
B. 绿绮
C. 绕梁

236. 朋友间有共同的兴趣爱好后，你可以称呼对方是你的什么？

A. 至交
B. 同事
C. 知音

237. 知音背后的故事不包含下列哪个人物？

A. 俞伯牙
B. 钟子期
C. 齐桓公

## 十万个为什么

**238.** 钟子期听到俞伯牙弹奏的那首绝妙的曲子叫什么？
A. 高山流水
B. 凤求凰
C. 二泉映月

**239.** 钟子期为何第二年不来赴约？
A. 临时有急事
B. 耳聋不能听音乐
C. 疾病身亡

**240.** 生病只能用药物治疗吗？
A. 是
B. 不是，音乐可以代替药物
C. 不是

**241.** 英国医生运用音乐替代什么药物给病人拔牙？
A. 安眠药
B. 减肥药
C. 麻醉剂

**242.** 中国古代哪个人运用音乐治好了抑郁症？
A. 韩愈
B. 欧阳修
C. 苏轼

**243.** 音乐从哪几个方面对身体起作用呢？
A. 生理和心理
B. 身体和神经
C. 神经和大脑

**244.** 下列哪些不是音乐的作用？
A. 心情愉快
B. 消除工作紧张
C. 消除结石

**245.** 什么时候医生发现了音乐可以催眠？
A. 20 世纪
B. 18 世纪初期
C. 19 世纪初期

**246.** 下列说法错误的是哪一项？
A. 医生们在给失眠患者放舒缓的音乐时，可以减少安眠药的使用
B. 音乐的节奏可以影响人体激素的分泌，刺激大脑细胞，减少夜间起床的次数
C. 大多数的安眠药能够长久有效

247. 帮助我们入睡的音乐有什么要求？

A. 节奏很有规则

B. 音乐节拍和人类心跳的速度差不多

C. 节奏要轻缓，几乎听不到

248. 令人讨厌的干扰我们生活的声音被我们称为什么？

A. 噪声

B. 乐音

C. 扰音

249. 什么是噪声？

A. 物体规则振动发出的声音

B. 无预警情况下出现的声音

C. 物体在做没有规则的、毫无章法的振动时发出的声音

250. 音乐声是噪声吗？

A. 是

B. 有些情况下是

C. 不是

251. 下列关于噪声的说法不正确的是哪一项？

A. 噪声变化混乱，一点也不和谐

B. 规则振动的声音永远不可能是噪声

C. 凡是妨碍我们正常休息、学习和工作的声音，都被称为噪声

252. 关于音乐和噪声的说法，下面哪一项是不正确的？

A. 音乐在有些情况下也是噪声

B. 噪声不可能变成音乐

C. 音乐里也包含噪声

253. 音乐家演奏钢琴发出的声音是什么声音？

A. 乐音

B. 噪声

C. 噪音

254. 什么乐器发出的声音是噪声？

A. 笛子

B. 小提琴

C. 锣

255. 多数音乐家用什么表达人群沸腾的场面？

A. 钹

B. 大鼓

C. 锣鼓

256. 噪声怎样分级？

A. 分为高强度、中强度和低强度

B. 分为高强度、低强度

C. 分为一级、二级、三级、

**257.** 下列哪种噪声不属于高强度噪声？

A.空调工作时的声音

B.砂石搅拌机工作时的声音

C.商场的喧闹声

**258.** 如果长期在95分贝的噪声环境里工作和生活，会有多少人丧失听力？

A.25%

B.20%

C.29%

**259.** 为了保护人们的听力和身体健康，噪声的允许值在多少分贝之间？

A.75～90分贝

B.45～60分贝

C.35～50分贝

**260.** 噪声最直接会损害我们的什么器官？

A.大脑

B.耳朵

C.肾脏

**261.** 耳朵上的什么细胞最易受到噪声伤害？

A.感觉细胞

B.感觉发细胞

C.听觉细胞

**262.** 噪声除了影响我们的身体器官，还会影响什么？

A.脑细胞

B.睡眠

C.耳细胞

**263.** 睡眠中被噪声惊醒会使你的什么下降？

A.听觉

B.触觉

C.记忆力

**264.** 下面关于噪声的说法正确的是？

A.噪声是由摩擦产生的

B.噪声是声音的一种

C.噪声是客观存在的，只能隔离，不能消除

265. 杜绝噪声的危害可以从几方面着手？

A. 一方面
B. 两方面
C. 三方面

266. 我们用什么方法可以让声音不传播？

A. 建设隔音带
B. 改进生产机器
C. 戴耳罩

267. 我们用什么方法可以让噪声不产生？

A. 建设隔音带
B. 改进生产机器
C. 戴耳罩

268. 什么地方没有噪声？

A. 家里
B. 太空
C. 机场

269. 在家里降低噪音有几种好方法？

A. 二种
B. 三种
C. 四种

270. 为什么大型电器不要放在一个屋子里？

A. 因为电器放一起会相互影响，令电器毁坏
B. 因为电器工作声音会叠加，噪声加大
C. 因为屋子太小，放不下大型电器

271. 我们要多吃些什么来缓解噪声对我们的伤害？

A. 蛋黄派
B. 叶绿素
C. 富含B族维生素的食物

272. 潜艇在哪里工作？

A. 湖泊
B. 沼泽
C. 海里

273. 潜艇噪声主要有几个声源？

A. 一个
B. 两个
C. 三个

274. 下列哪个不是潜艇噪声的声源？

A. 机械噪声
B. 发动机噪声
C. 水动力噪声

### 275. 现在的螺旋桨大多是几叶的？

A. 七叶

B. 六叶

C. 五叶

### 276. 目标以外的声音通常被我们称为什么？

A. 目标噪声

B. 额外噪声

C. 背景噪声

### 277. 背景噪声分为几大类？

A. 两大类

B. 三大类

C. 四大类

### 278. 自噪声一般由几部分组成？

A. 一部分

B. 两部分

C. 三部分

### 279. 叫虾和打鼓鱼等动物发出的声音属于什么噪声？

A. 工业噪声

B. 自然噪声

C. 生物噪声

### 280. 早期的文明有没有酷刑？

A. 有许多种酷刑

B. 没有酷刑

C. 有少数酷刑

### 281. 早期用噪声惩罚罪犯的酷刑叫什么名字？

A. 噪声刑

B. 耳朵刑

C. 钟下刑

### 282. "二战"时，用噪声折磨敌国间谍是怎样做的？

A. 让间谍待在噪声机器旁工作

B. 让间谍听各种各样的声音，不准休息

C. 让间谍听大分贝的噪声，声响让人难以忍受

### 283. 当声响超过多少分贝时，受刑者就会全身抽筋，精神分裂？

A. 130 分贝

B. 120 分贝

C. 110 分贝

### 284. 蛐蛐学名叫什么？

A. 蝈蝈

B. 蟋蟀

C. 蝉

285.蟋蟀是用什么发声的？

A.腹部

B.发音器

C.声带

286.蟋蟀的发音器官长在哪里？

A.肚子里

B.脑袋里

C.翅膀上

287.会发声的是什么蟋蟀？

A.雄蟋蟀

B.雌蟋蟀

C.雄蟋蟀和雌蟋蟀都会发声

288.蝉的身体内有一个像钹一样的乐器长在哪里？

A.翼后

B.胸腔

C.翅膀

289.蝉在胸部安置一种响板，起什么作用？

A.增加呼吸

B.增强声音

C.没有什么作用

290.蝉为什么只在夏天叫？

A.在夏天寻找配偶，繁殖后代

B.夏天气温高，蝉很烦躁

C.到夏天蝉的发音器官才发育完善

291.蝉的听觉器官长在哪里？

A.脑袋上

B.肚子里

C.蝉的两侧腹室

292.全世界有多少种蝴蝶？

A.14000余种

B.20000余种

C.25000余种

293.世界上最大的蝴蝶展翅有多长？

A.30厘米

B.24厘米

C.18厘米

294.蚊子飞行时每秒振翅多少次？

A.800次

B.1000次

C.600次

295. 蝴蝶飞舞时，每秒钟振翅多少次？

A. 5~8次
B. 5~20次
C. 5~18次

296. 在什么季节我们能在田野中、马路旁的草丛里听到青蛙的大合唱？

A. 春季
B. 夏季
C. 秋季

297. 为什么青蛙们的鸣叫是有规律性的，不是杂乱无章地乱叫呢？

A. 到了夏季，就是青蛙们的繁殖的季节，它们开始鸣叫求偶
B. 因为一起叫省劲
C. 因为一起叫好听

298. 什么时候青蛙会发出"叽叽"的叫声？

A. 求偶时
B. 被天敌抓住时
C. 建立自己的领域时

299. 雌蛙一般会发出怎样的叫声？

A. 吸引雄性的求偶叫声
B. 雌蛙会发出回应雄蛙叫声
C. 求救叫声

300. 下面关于田鸡咯咯叫的说法错误的是？

A. 田鸡宣告下蛋是一个痛苦的过程
B. 是田鸡兴奋的表示
C. 警告其他动物不要抢鸡蛋

301. 母鸡咯咯叫有几种含义？

A. 一种
B. 两种
C. 三种

302. 母鸡下蛋后，感到很轻松会怎样做？

A. 休息一下
B. 咯咯叫
C. 蹦蹦跳跳

303. 母鸡的咯咯声可以看作是什么性质的语言？

A. 警告
B. 厌恶
C. 恐惧

304.什么动物会说人话？

A.熊猫
B.猩猩
C.鹦鹉

305.为什么别的鸟类不会说话？

A.因为别的鸟类没有结构特殊的口腔与舌头
B.因为别的鸟类不喜欢说话
C.因为别的鸟类没有舌头

306.鹦鹉的舌尖是什么样子的？

A.尖的
B.圆的
C.分叉的

307.鹦鹉和一般鸟类口腔的区别，错误的说法是？

A.鹦鹉比一般鸟类的口腔大
B.鹦鹉的舌端是尖的，因而更灵活
C.鹦鹉的舌端是圆的，一般鸟类的舌端是尖的

308.蝙蝠是用什么器官辨别方向的？

A.眼睛
B.耳朵
C.鼻子

309.蝙蝠被蒙上耳朵会怎样？

A.毫无障碍地飞行
B.像无头苍蝇一样在空中东碰西撞
C.飞行有一定困难，只能勉强飞到目的地

310.蝙蝠的什么器官可以发射超声波吗？

A.喉咙
B.耳朵
C.鼻子

311.蝙蝠用什么器官接收超声波吗？

A.耳朵
B.喉咙
C.鼻子

312.海豚音是指什么？

A.海豚发出的高音
B.人的声音像海豚一样高音调
C.海豚与人类交流时的声音

313.海豚与同类交流时，发出的是什么声音？

A.超声波
B.次声波
C.普通频率的声音

314.海豚发出的声音是超声波还是次声波?

A.超声波

B.次声波

C.普通频率的声音

315.人类可以和海豚沟通吗?

A.不可以

B.随意沟通

C.在特定情况下可以

316.除了人类还有哪种动物会唱歌?

A.只有鲸鱼

B.很多动物

C.鲸鱼和海豚

317.世界上第一个记录鲸鱼唱歌的国家是哪一个?

A.中国

B.英国

C.美国

318.科学家在哪个海域听到了鲸鱼的歌唱?

A.英吉利海峡

B.纽约海域

C.旧金山海域

319.人类破解了鲸鱼的语言吗?

A.破解了部分

B.完全破解

C.没有破解

320.恐龙出现在什么时期?

A.2.3亿年前的三叠纪时期

B.6500万年前的白垩纪晚期

C.6500万年前的白垩纪早期

321.恐龙生活的时候,有人类存活吗?

A.人类刚在地球上出现

B.没有

C.恐龙灭亡之时就是人类出现之日

322.科学家是怎样拼凑出恐龙的样子的呢?

A.用电脑绘图

B.用脑子想象

C.用化石拼凑

323.在电影中我们听到恐龙发出的吼叫声,真的是恐龙的声音吗?

A.是

B.是根据资料模拟出的想象中的恐龙的声音

C.只是人们的想象和推测,并没有什么依据

324.我们除了用眼睛看到光,还能怎样感受光?

A.尝到光的味道

B.摸到光的色彩

C.听到光的声音

325.下列关于听到光线声音的实验说法错误的是哪一项?

A.需要一个瓶子

B.需要把瓶子磨平

C.需要在盖子上弄一个小洞

326.涂抹一半黑色锅灰的瓶子要放在哪里?

A.桌子上

B.天花板上

C.灯泡下

327.用声音感受到光线是什么效应?

A.光声效应

B.声电效应

C.热胀冷缩效应

328.我们是先看到闪电,还是先听到雷声?

A.先看到闪电

B.先听到雷声

C.同一时间出现

329.闪电和雷声产生的时间一样吗?

A.一样

B.先有闪电

C.先有雷声

330.为什么我们总是先看到闪电,后听到雷声呢?

A.闪电和雷声产生的时间不一样

B.它们是一起被我们发现的,只是错觉让我们觉得闪电在前

C.闪电的传播速度比声波的传播速度要快

**331. 光在真空中的传播速度是多少？**

A.2997 千米/秒
B.299700 千米/秒
C.2997000 千米/秒

**332. 大自然里的声音我们都能听到吗？**

A.是
B.不是，我们听不见超声波和次声波
C.除了超声波，我们都能听得见

**333. 超声波频率和波长的特点是？**

A.频率高，波长短
B.频率高，波长长
C.频率低，波长长

**334. 下列关于超声波的说法错误的是哪一项？**

A.波长短，穿透力强
B.在同一介质中传播的时候沿着直线传播
C.它在传播的时候总是会发生衍射

**335. 超声波对人体有危害吗？**

A.有危害
B.只要不长时间接触比较强的超声波，对身体是没什么损害的
C.没有危害

**336. "马尔波罗号"帆船是从哪里驶向哪里？**

A.英国到新西兰
B.新西兰到英国
C.美国到新西兰

**337. "马尔波罗号"帆船时隔多少年后被发现？**

A.10 年
B.15 年
C.20 年

**338. 是什么害死了"马尔波罗号"帆船上的人？**

A.海上风暴
B.两船相撞
C.次声波

**339. 自然灾害来临时，往往会产生什么声波？**

A.超声波
B.次声波
C.超声波和次声波

**340. 电话不可以实现下列哪些功能？**

A.视频聊天
B.远距离沟通
C.与家人联系

341. 下列哪些是文章86实验不需要的器材？

A. 纸杯
B. 玻璃
C. 一枚针

342. 声音为什么能够沿着绳子传很远？

A. 因为绳子是传声材料
B. 因为绳子不吸收声音
C. 因为固体传声

343. 声音在同一种介质中是怎样传播的？

A. 沿直线传播
B. 反射着传播
C. 弯曲传播

344. 声波有形状吗？

A. 有
B. 有，在有阳光的情况下能看见
C. 没有

345. 下列哪个不是文章87实验要用的工具？

A. 空铝皮饮料瓶
B. 示波器
C. 细线

346. 文章87实验中，平面镜要安在铝瓶口的什么位置？

A. 一侧
B. 正中的
C. 上方

347. 文章87实验中，土"示波器"是利用了什么原理？

A. 声音在固体传播
B. 光的反射原理
C. 光声效应

348. 文章88的实验中用什么器材制造音乐？

A. 杯子、水
B. 杯子、水、小木棍
C. 杯子、空气、水

349. 文章88中，第一个杯子装多少毫升的水？

A. 20毫升
B. 30毫升
C. 40毫升

350. 文章88中，最满的杯子为基准的是什么音？

A. Si 音
B. Mi 音
C. Do 音

351. 文章 88 所述的实验中，用杯子和水调出了几个音？

　A. 6 个
　B. 7 个
　C. 8 个

352. 声音可以灭火吗？

　A. 可以
　B. 不可以
　C. 声音只会让火越烧越旺

353. 下列哪个不是"用声音灭火"实验用的器材？

　A. 硬纸
　B. 挂钩
　C. 剪刀

354. 声波有压力吗？

　A. 有
　B. 没有
　C. 有，但是小到几乎可以忽略

355. 为什么声波下物体燃烧更快？

　A. 声音助燃
　B. 声音有热量
　C. 声音可以提高空气的流动速度

356. 外太空有声音吗？

　A. 有
　B. 没有
　C. 虽然听不见，但是可以用仪器测出声音

357. 下列哪个不是"真空不能传声"实验要用的器材？

　A. 空罐头瓶
　B. 胶水
　C. 电灯泡

358. 当我们抽出瓶子里的空气时，声音会怎样变化？

　A. 越来越小
　B. 越来越大
　C. 不变

359. 当我们抽出空气后，灯光的亮度发生变化了吗？

　A. 没有
　B. 变亮了
　C. 变暗了

360. 在山谷中讲话可以听到回声吗？

　A. 可以
　B. 不可以
　C. 声音大就可以，声音小就不可以

361. 城市里为什么听不到回声？
A. 城市没有建筑反射声音
B. 在城市里，很多物质都会吸收声音
C. 城市吞没声音

362. 下列哪些不是声音反射实验要用的器材？
A. 平面镜
B. 海绵
C. 胶水

363. 声音反射现象的实验中，平面镜要固定在哪里？
A. 可以从镜面里看到玻璃圆筒底部的表
B. 平行于玻璃圆筒上方
C. 玻璃圆筒旁边

364. 声音在空气中传播的速度是多少？
A. 400 米/秒
B. 340 米/秒
C. 340 千米/秒

365. 在雷雨天气，人们对同时发生的闪电和雷声有什么样的感受？
A. 听到雷声时看到闪电
B. 先看到闪电后听到雷声
C. 先听到雷声后看到闪电

366. 测声速的实验中，第一次听到声音是从哪里传出来的？
A. 手机
B. 空气
C. 天空

367. 测声速的实验要选择什么样的地方？
A. 有风的开阔地带
B. 有风的狭长地带
C. 无风的狭长地带

368. 根据文章93，曹绍夔驱鬼是怎样做的？
A. 祈祷
B. 祭祀驱鬼
C. 拿一个锉子把磬锉薄了

369. 根据文章93，为什么和尚的磬会闹鬼？
A. 磬被鬼附身
B. 磬与钟发生了共鸣
C. 磬自己会发声

370. 文章93的共鸣实验需要几个玻璃杯？
A. 一个
B. 两个
C. 三个

371.文章93的实验中,两个杯子需要相距多远?

A.3厘米
B.5厘米
C.8厘米

372.一个铃铛可以发出几种声音?

A.一种
B.两种
C.三种

373.在文章94中我们需要下列哪种器材做实验?

A.一张卫生纸
B.一根表面光滑的木棍
C.一床被子

374.做文章94中的实验时,手应该接触铃铛的什么位置?

A.铃身
B.铃铛手柄
C.任意位置

375.在文章94的实验中,木头紧贴着铃铛的底端做什么运动?

A.圆周运动
B.向心运动
C.匀速运动

376.影响音响声音高低的因素是音响按钮吗?

A.是
B.不是

377.在文章95的实验中,将一把钢尺紧按在桌子的一边后,再怎样做?

A.拨动钢尺
B.拉回钢尺
C.移动桌子

378.在文章95的实验中,第二次拨动钢尺时改变了什么?

A.缩短钢尺的长度
B.缩短钢尺的宽度
C.改变钢尺在桌子上的部分

379.影响音调高低的因素是什么?

A.物体振动的频率
B.物体振动的次数
C.物体振动的幅度

380.响度是什么?

A.音调
B.声音的高低
C.人类主观上感觉到的声音的大小

381. 文章 96 的实验不需要以下哪种器材？

A. 音叉
B. 模型
C. 乒乓球

382. 发声体的振幅越大，响度会怎样变化？

A. 越小
B. 越大
C. 不变

383. 使用不同大小的力气敲击音叉，音叉的什么就会跟着变化？

A. 振幅
B. 频率
C. 音色

384. 我们喝饮料到什么程度时，吸管会发出"咕噜噜"的声音？

A. 开始喝的时候
B. 喝到一半的时候
C. 快要喝完的时候

385. 用吸管喝饮料，快喝完时，是什么东西与吸管壁发生摩擦，最终发出声音？

A. 饮料
B. 空气
C. 口水

386. 吸管做笛子需要用几厘米的吸管做成哨口套？

A. 1 厘米
B. 2 厘米
C. 3 厘米

387. 吸管做的笛子可以发出几个音？

A. 10 个
B. 11 个
C. 13 个

# Mr. Know All
## 互动问答 **答案**

| 001 | 002 | 003 | 004 | 005 | 006 | 007 | 008 | 009 | 010 | 011 | 012 | 013 | 014 | 015 | 016 |
|---|---|---|---|---|---|---|---|---|---|---|---|---|---|---|---|
| C | C | C | B | B | C | A | B | B | A | C | C | A | A | A | C |
| 017 | 018 | 019 | 020 | 021 | 022 | 023 | 024 | 025 | 026 | 027 | 028 | 029 | 030 | 031 | 032 |
| C | A | A | B | C | A | B | B | B | C | A | C | B | A | C | B |
| 033 | 034 | 035 | 036 | 037 | 038 | 039 | 040 | 041 | 042 | 043 | 044 | 045 | 046 | 047 | 048 |
| C | C | B | B | A | A | C | C | A | C | B | C | B | A | C | A |
| 049 | 050 | 051 | 052 | 053 | 054 | 055 | 056 | 057 | 058 | 059 | 060 | 061 | 062 | 063 | 064 |
| C | B | C | C | B | A | A | A | B | C | B | C | C | C | A | A |
| 065 | 066 | 067 | 068 | 069 | 070 | 071 | 072 | 073 | 074 | 075 | 076 | 077 | 078 | 079 | 080 |
| C | B | A | A | A | C | C | A | C | A | C | B | C | B | B | A |
| 081 | 082 | 083 | 084 | 085 | 086 | 087 | 088 | 089 | 090 | 091 | 092 | 093 | 094 | 095 | 096 |
| B | C | C | C | B | C | A | B | A | A | B | C | C | B | B | B |
| 097 | 098 | 099 | 100 | 101 | 102 | 103 | 104 | 105 | 106 | 107 | 108 | 109 | 110 | 111 | 112 |
| A | C | A | B | A | A | A | C | B | B | B | A | B | C | C | B |
| 113 | 114 | 115 | 116 | 117 | 118 | 119 | 120 | 121 | 122 | 123 | 124 | 125 | 126 | 127 | 128 |
| B | B | A | B | B | C | B | C | B | A | B | B | B | C | C | A |
| 129 | 130 | 131 | 132 | 133 | 134 | 135 | 136 | 137 | 138 | 139 | 140 | 141 | 142 | 143 | 144 |
| C | A | B | B | A | B | A | A | B | C | A | A | A | C | A | C |
| 145 | 146 | 147 | 148 | 149 | 150 | 151 | 152 | 153 | 154 | 155 | 156 | 157 | 158 | 159 | 160 |
| C | A | B | C | B | C | C | B | C | A | B | B | B | C | B | A |
| 161 | 162 | 163 | 164 | 165 | 166 | 167 | 168 | 169 | 170 | 171 | 172 | 173 | 174 | 175 | 176 |
| B | B | A | A | C | B | B | B | A | C | C | B | A | B | B | B |
| 177 | 178 | 179 | 180 | 181 | 182 | 183 | 184 | 185 | 186 | 187 | 188 | 189 | 190 | 191 | 192 |
| B | A | C | B | A | A | A | B | C | A | C | A | A | B | A | C |
| 193 | 194 | 195 | 196 | 197 | 198 | 199 | 200 | 201 | 202 | 203 | 204 | 205 | 206 | 207 | 208 |
| A | A | B | B | C | A | C | B | A | B | A | B | C | B | B | C |
| 209 | 210 | 211 | 212 | 213 | 214 | 215 | 216 | 217 | 218 | 219 | 220 | 221 | 222 | 223 | 224 |
| A | B | B | A | B | B | C | A | A | B | C | B | C | B | A | B |
| 225 | 226 | 227 | 228 | 229 | 230 | 231 | 232 | 233 | 234 | 235 | 236 | 237 | 238 | 239 | 240 |
| B | B | A | A | B | C | C | A | B | C | C | C | C | A | C | B |
| 241 | 242 | 243 | 244 | 245 | 246 | 247 | 248 | 249 | 250 | 251 | 252 | 253 | 254 | 255 | 256 |
| C | B | A | C | C | C | B | A | C | B | B | B | A | C | C | B |
| 257 | 258 | 259 | 260 | 261 | 262 | 263 | 264 | 265 | 266 | 267 | 268 | 269 | 270 | 271 | 272 |
| A | C | A | B | B | B | C | A | B | B | C | C | B | C | C | C |
| 273 | 274 | 275 | 276 | 277 | 278 | 279 | 280 | 281 | 282 | 283 | 284 | 285 | 286 | 287 | 288 |
| C | B | A | C | A | C | A | C | A | B | B | C | B | C | A | A |
| 289 | 290 | 291 | 292 | 293 | 294 | 295 | 296 | 297 | 298 | 299 | 300 | 301 | 302 | 303 | 304 |
| B | A | C | A | B | C | A | B | A | C | A | B | C | B | A | C |
| 305 | 306 | 307 | 308 | 309 | 310 | 311 | 312 | 313 | 314 | 315 | 316 | 317 | 318 | 319 | 320 |
| A | B | B | B | B | A | B | A | B | A | A | B | C | B | A | A |
| 321 | 322 | 323 | 324 | 325 | 326 | 327 | 328 | 329 | 330 | 331 | 332 | 333 | 334 | 335 | 336 |
| B | C | B | C | B | C | A | A | C | A | B | B | B | C | B | B |
| 337 | 338 | 339 | 340 | 341 | 342 | 343 | 344 | 345 | 346 | 347 | 348 | 349 | 350 | 351 | 352 |
| C | C | B | C | A | B | B | C | A | C | B | B | A | A | B | C |
| 353 | 354 | 355 | 356 | 357 | 358 | 359 | 360 | 361 | 362 | 363 | 364 | 365 | 366 | 367 | 368 |
| B | A | C | B | C | A | A | B | C | B | C | C | B | A | C | C |
| 369 | 370 | 371 | 372 | 373 | 374 | 375 | 376 | 377 | 378 | 379 | 380 | 381 | 382 | 383 | 384 |
| B | B | A | B | B | A | B | A | C | A | C | B | B | B | A | C |
| 385 | 386 | 387 | | | | | | | | | | | | | |
| B | C | C | | | | | | | | | | | | | |